1冊でわかるGX
グリーン
トランスフォーメーション

PHP
Business Shinsho

Tsutomu Uchiyama
内山　力

PHPビジネス新書

Prologue

「私たちが地球を救いたい」

グリーントランスフォーメーション（GX）とは、未来の地球に住む子供たちのために、今の人類が地球をグリーン（G）に変える行動である。

このGXでハッピーとなるのは、いまだ地球に生まれていない人である。その人たちのために今生きている我々が、地球をピンチから救おうというものである。

この壮大なテーマを考えたのは地球を憂える各国である。そしてそのリーダーに手を挙げたのが日本である。

ある会社にて――経営者と従業員の会話

経営者「国はいきなり『GXをやれ』と言ってるけど、どうすればいいんだろう。他社に先駆けてＧＸを事業として立ち上げれば、我が社の事業の柱の一つになるかもしれない。でもどこからカネをもらえばいいのだろう。ＧＸをやりたいと言っているのは国で、顧客がやりたいと言っているわけではない。国のカネを期待しても事業としては長続きしない。

そもそもＧＸという事業のイメージが湧かない。水素とか言ってるけど何か現実的じゃないなあ。省エネだってもうとっくにやりつくしている。まさか植林ってわけにもいかないし。まずは、そのための技術を研究するしかないのかな。

でも、仮に技術ができたとしても、その先の商品のイメージが湧かない。そもそも、どこに顧客がいるかもわからないのに、どんな商品を開発すればいいかなんてイメージが湧くはずがない。堂々巡りだ。

そうだ、とりあえずＧＸ推進室を作って、世の中の状況をウォッチさせておこう」

――・――

担当者「えっ、私がやるんですか。ＧＸなんて何も知らないんですが……。具体的に何をやればいいのですか？」

経営者「まずは情報収集だよ」

――・――

担当者「ネットでいろいろ調べてみたけど、『GXとは化石燃料をできるだけ使わず、クリーンなエネルギーを活用していくための変革やその実現に向けた活動のこと』と書いてある。公害防止か？　石油がなくなるからか？　なんで今さら。それってそもそも、民間企業じゃなくてお上《かみ》のやることでは？　とりあえず、社内の人の意見を聞いてみよう」

――・――

ベテランA「SDGsの次はGXか。SDGsの時みたいにGXバッジでも買わされるのか？　まったくうちの会社は世の中のキャッチフレーズに動かされすぎだ」

担当者「違います。GXという仕事をやるんです」

ベテランB「それって絶対儲からない仕事でしょ。儲かるなら、もうそのマーケットに企業が殺到しているはずだ」
担当者「儲からなくても、社会貢献のためにやらなくちゃならないんです」
中堅A「でもうちは利益を出して税金を払って社会貢献しているはず。その上さらにこんな事業に投資するくらいなら、我々の給料を上げてほしい」
中堅B「それに、そのGXとかいう仕事をするために、能力が高い若手を持っていくんでしょ。それじゃあ今の仕事はめちゃくちゃになってしまう」
担当者「……」
若手「ちょっと発言させてください。私はGXを仕事としてぜひやりたいと思います。そもそもこの会社に入ったのは、我が社のWebサイトに『社会に貢献します』『環境事業に取り組みます』というメッセージがあったからです。
　でも、入ってみたら実際にはカネ儲けの話ばかり。それにうんざりして会社を去ってしまった仲間が何人もいます。GXというのは地球に住む人たちの願いなんでしょう。私は、『地球のために』という旗のもとで、体を張って仕事をしたい」
経営者「……そうか。若い人はそういう思いを持っているのか。ならば、GXを事業としてやろう」

ベテランA「では、利益予算は達成しなくていいのですか？　企業は利益を目指すものではないのですか？　利益が出なくて倒産したら経営者としてどう責任を取るのですか？」
ベテラン・中堅・若手「儲からなくても、ＧＸをやるのですか？」

――・――

このようなシーンで、「次のひと言」を生み出すために書いたのが本書である。そのひと言に、会社で働く人すべてが、そして株主や社会にも同意してもらうこと。それが、本書の目的である。

本書を読んでほしい人は、ＧＸに興味があるすべての「働く人」「これから働こうと思っている人」である。

まずは未来を夢見る若者である。ＧＸには長い時間がかかる。ゴールは後で述べる２０５０年という遠い未来である。だからＧＸはこの若者が中心となって進めていくしかない。

働く人には二つのタイプがいる。一つは過去の経験にプライドを持ち、これを残していきたい人である。もう一つは未来のハッピーを夢見る人である。本書では前者をベテラン、後者を若者と呼んでいる。これは年齢ではなく、仕事観のようなものである。

ただ、GXを事業として進めるなら、その企画・立案には、「若さ」という〝たくましさ〟だけではなく、「経験」という〝渋さ〟も必要である。だからこそ、本書はベテランにも読んでほしい。若者の力とベテランの力が組み合わさってこそ、GXは実現する。

さらに言えば、企業がGXにつぎ込むカネは、ベテランがこれまで汗水流して稼いできたものだ。だから若者がGXを進めるには、彼らとの合意を得る必要がある。本書をそのためのツールとしてもぜひ、使ってほしい。

本書を読むことで、GXへの投資が未来の子供たちが住む地球への投資だということを知ってほしい。そしてこの投資に「GO」を出してほしい。

本書はこれらのことをサポートするものであり、私の本職である「GXビジネスのコンサルティング」を、書籍を使って行おうというものだ。

ソリューションビジネスこそ、GXの原点

最初に自己紹介をしておきたい。

私は理系の大学を出て、日本で初めて生まれたＩＴベンダーに入社した。

当時、この業界はシステム開発という新事業で活気づいており、びっくりするような成長を遂げる。私は十数年間この会社でサラリーマンをやったが、その間にこの会社の売上は10倍以上になった。

しかし、こういう急成長バブルはいつか崩壊する。オーダーメイドで高級品となった情報システムを、思い切り安い出来合いのパッケージソフトで代替する商品が生まれたのだ。ドイツのＳＡＰという会社が考えたものである。

この時、ピンチになった日本のＩＴベンダーが考えたのが、ソリューションビジネスという新しい事業である。

ソリューションビジネスとは「情報システムを売る」のではなく、「顧客の問題解決（ソリューション）を売る」というものである。言ってみれば建設業（作る）からサービス業

（コンサルティング）への変身である。

こうしてITベンダーはサービス業として生き残った。その後、このITの世界からインターネットが生まれ、DX（デジタル・トランスフォーメーション）という事業を生んでいく。そしてそれがGXへとつながっていく。

このソリューションビジネスこそ、GXビジネスのルーツと言ってもよいものである。ちなみに私がいた会社は日立システムズと名を変えて、今では売上5000億円の巨大ソリューションベンダーとなっている。そして日立グループはいつの間にかDXのみならずGX事業のグローバルリーダーとなっている。

コンサルティング経験の中から生まれてきた「GXの仮説」

私自身は、このソリューションビジネスというものを自分の手で手がけてみたいと思い、独立してコンサルティングを始めた。クライアントはNEC、富士通、OKI、NTTデータといったITベンダーから、機械メーカーや情報産業、さらには銀行にまで広がっていった。

そのうち、私に対して「企業を変革したい」という仕事が舞い込むようになってきた。具体的には「変革を進めていく新しい経営者、リーダーを作りたい」というニーズであった。その最初のクライアントはハウス食品、コカ・コーラボトラーといったこれまで付き合ったこともなかった消費財メーカーであった。

その後、この変革リーダー養成というコンサルティングをさまざまな企業に対して行ったのだが、いわゆる「エンジニアリングベンダー」と呼ばれる企業がその中心となっていった。

それは、山武（この頃アズビルと社名変更）、高砂熱学工業（空調設備工事のナンバーワン企業）、千代田化工建設、日揮（ともにプラント建設）といった企業である。特にアズビル、高砂の2社との付き合いはヘビーとなり、今でも続いている。

この変革リーダー養成の仕事の中から、さまざまなコンサルティングテーマが生まれてきた。そして、その変革の最終テーマとして挙がってきたのが、この「GX」であった。

本書は、私がこれまでGXについてのセミナーやコンサルティングを約4年にわたって行ってきた中から見えてきた「仮説」をまとめたものである。

ＧＸは二つの融合から生まれる

ＧＸというテーマを進めていく中で私が思ったのは、ＧＸは新しいものを生むのではなく、「融合」だということだ。ＧＸは、私がこれまで行ってきたマネジメント、マーケティング、ファイナンス、ＩＴ／ＤＸといった変革テーマを融合して、新しい企業の姿を作ることである。言い方を変えると、バラバラにやってきたこれらの変革を融合しないと、ＧＸは成しえない。

ＧＸにはもう一つ大きな特徴がある。それは「官民一体」＝「国と企業が一体となって事業をやる」というもう一つの融合である。国は「社会のため」、企業は「カネのため」と、離れてしまった二つを融合するものである。

ＧＸという言葉を使い出したのは国である。しかし、これまでのように国が仕事を公共事業という形で企業へ発注するのではなく、国がサポートして企業が自主的に進めるというスタイルを提案している。

ここでの国の最大のサポートは、ＧＸという企業変革のための理論的バックボーンの提供である。「ＧＸをなぜやるか」という土台と言ってもよい。その一つが岸田文雄首相の言う「新しい資本主義」である。

「新しい資本主義」とは、企業で働く目的を、「カネ儲け」から「社会のために」へと変えるというものである。つまり「官と民の目的の融合」である。この理論に合意してくれれば、国は金銭面も含め全面的にサポートする、という呼びかけである。本書ではこのスタイルで行う事業をソーシャルビジネスと表現している。一方、従来の「カネ儲け」事業をプライベートビジネスと表現する。

ＧＸが進まない理由――共通言語がない

私はこれまで多くのクライアントとＧＸについての議論をしてきたが、それがなかなかスムーズに進まないことが多かった。

そして、その理由は、ＧＸについての共通言語がないためと気づいた。

私はよく「知識なき意見は暴力だ」と言っている。私がセミナーでやっているディスカッションはディベートという暴力的な戦いではなく、意見の「融合と合意」である。そこには知識の共通化、つまり共通言語を互いに持つことが必要である。

本書をGXについてディスカッションする時の「共通言語」として使ってほしい。


本書の構成は以下のようになっている。

まずはChapter1にて、GXの基礎知識について説明したい。そもそもGXとは何か。なぜ、それを進めようとしているのか。世界の潮流はどうなっているのか。その中で、日本はどのような道を歩もうとしているのか。……これらのテーマについて解説していきたい。

そして続くChapter2では、GXにおけるビジネスモデルである「ソーシャルビジネス」について説明していきたい。

最後のChapter3では、GXビジネスの進め方を五つの観点で解説する。


本書がGXに興味を持つすべての人の役に立つことを願っている。

「1冊でわかるGX　グリーントランスフォーメーション」目次

Chapter2 ＧＸというソーシャルビジネス——地球は官民一体で救う——

Chapter3 ＧＸをビジネスで実現する――働く人が望むＧＸ――

Chapter 1

GXという地球の願い

——地球は日本が救う——

Section

1

そもそも、なぜ今GXなのか？

GXという不思議な言葉

GXとは不思議な言葉である。そもそも誰が言い出したかが今一つわからない。ただ、日本国の政府がどこからか見つけ出して、これを国中に広めようとしていることは間違いない。

企業からすると、2020年あたりからDXがブームとなっていたこともあり、「DXの次はGXか。次から次へといろいろな風が吹いてくるなあ」という感じだろう。

しかし、この二つを戦略テーマとして真面目にとらえた企業は、それが「〇X」という単なるゴロ合わせではなく、GXとDXが次第に重なり合っていくことに気づく。その〝重なり〟とは、日本の多くの企業がこの20年にわたってチャレンジしてきた「変革」である。

GXとは「Green transformation」（グリーン・トランスフォーメーション）のことである。GXのXは、英語のtransformationの部分である。ここはtrans（変える＝変革）とformation(形)から成り、transは英語ではXと表される。つまりGXはGreen X-formationの略で、「greenに変革する」という意味である。

英語のgreenには「環境にやさしい」という意味がある。これまで日本では、この「環境にやさしい」というキーワードとしてエコロジー（ecology：略してエコ）という言葉を使っていた。エコロジーは、もともとは生態学という学問のことであり、生物と環境という相互に影響しあうものの関係を考えることがテーマである。

日本語の「エコ」はここから一歩進んで、「環境に配慮した」「地球にやさしい」「自然保護」という意味を持つようになり、一時流行語となった。

産業革命によりカーボン・サイクルが崩れた

では、なぜEX（エコに変える）ではなく、GXだったのだろうか。それはgreen、つまり「緑」が持つイメージにある。

「緑」といえば読者は何を思い浮かべるだろうか。太陽の光を浴びた「緑の葉」が頭に浮かぶのではないだろうか。この「緑の葉」は小学生の時に学習したように「光合成」という仕事を行っている。CO_2（二酸化炭素）を吸収し、O_2（酸素）を作るものだ。

一方、人間をはじめとする動物は、O_2を吸ってCO_2を吐き出している。こうして自然界ではO_2とCO_2のバランスが取れている。こう考えると自然界は素晴らしいシステムと言える。

このような自然界のバランスを保って、この状態を持続させていくことをサステナブル（sustainable）と表現する。少し前から話題となっている「SDGs」のSであり、現代社会のテーマ、というよりも難題である。

それは人間が自然システムではなく、人工的な行動によってこの自然界のバランスを崩しているからである。こうして、サステナブル＝持続性にピンチが訪れる。

その代表がCO_2に関するものである。CO_2は、緑の葉と動物の呼吸以外にも、土や海でも出し入れがあり、自然界としては「出し入れゼロの状態」となっている。これを「カーボン・サイクル」と呼んでいる。カーボン（carbon）とは「炭素（C）」のことであるが、今はカーボンといえばCO_2のことを指すことが多い。

人間は文明の進歩の中でエネルギー（物を動かしたりするための力）を人工的に作り出してきた。その象徴的なものが石炭、石油といった「化石燃料」（大昔の動植物の死骸をベースとするエネルギー）である。これが人間の生活、そしてそれを支える事業を変えたと言ってよい。そう、有名な産業革命である。

化石燃料が電気というエネルギーを作り出し、工業という事業を生んだ。さらにはガソリンを生み、これが自動車を動かして……というように、人間は化石燃料を用いることで産業を進化させ、生活を豊かにしてきた。

石炭、石油は燃やすことによってエネルギーを生むが、この燃やす時に発生するのがカーボン（CO^2）である。人類がエネルギーを大量に使用することになったため、カーボン・サイクル（プラス・マイナス・ゼロ）というバランスが崩れ、カーボンがプラスとなってしまった。

地球が温かくなるとなぜ困る？

一方で「地球温暖化」、つまり地球の気温が上がるという現象が「数字」という事実となってはっきりと見えてくる。

具体的には、現在の地球の気温は、18世紀の産業革命以前に比べ約1・2℃上がっている。そしてこのままでは、21世紀末（2100年）には地球の気温は4・8℃上がるという予測が発表され、大騒ぎとなる。

そもそも地球の気温が上がると何が困るのだろうか。「暖かいほうが寒いより良いのでは」と思う人もいるだろう。

もちろん良いこともあるのだが、近年になって起きた人間にとって好ましくない現象が、「地球温暖化のせいでは？」と言われ始めるようになってきた。異常気象（干ばつ、熱波、寒波、洪水、台風など）の頻発、海面上昇（氷河や氷山が溶け、さらには海水の温度が上昇）による高潮などである。これらにより、日本では全国の砂浜のほとんどが失われる可能性がある……といったことも言われている。

ただ、多くの人にとってはまだあまり実感が湧かない。日常会話に「地球温暖化」という言葉が出てこないのはもちろん、ニュースで災害についての報道が流れても、それが地球温暖化のせいだという話はめったに出てこない。

人間の最大の寿命といえる「100年」というスパンから考えると、地球の温度が上がるスピードが極めてゆっくりなためである。私のような年寄りは「2100年なんて自分が生きていない時の話」と思うし、若者であっても、2100年という80年先の未来に危機感を持つことなどできない。

こういう時に活躍するのが政治である。政治は〝今〟を見るのではなく「国全体の未来を見る」というミッションを持っている（持っているはずである）。今、日本で騒がれている少子化という「未来に関わる危機感」にも、政治は取り組んでいる。

こうして世界各国の政府は、地球温暖化という「遠い未来の危機」にチャレンジしていくことになった。

しかし、地球にはさまざまな国があり、イデオロギー（政治に対する基本的な考え方）も違っている。この国家間調整を行うのが国連（国際連合）なのだが、その意思決定には拘束力はなく、「合意」という極めて難しいシステムとなっているため、なかなか話が進まない。

ただ、はっきりしているのは、「地球温暖化」をなんとかしないと「人類の未来はない」ということである。これには誰も反論できない。

地球温暖化はカーボンが増えたから

地球温暖化の問題を解決するには、そもそもなぜ、地球温暖化が起きているかという理由を解明しなくてはならない。

地球温暖化の主因として従来から言われてきたのが、温室効果ガスというものである。太陽から地球へ降り注ぐ光は、大気を素通りして（つまり大気を暖めず）地面を暖める。この地面から熱が放射（大気を暖める）されるのであるが、そのままではすべて熱が地球外へ出ていってしまう。

ここで活躍するのが、温室効果ガスである。この温室効果ガスは地表から放出される熱を吸収して、大気を暖める。こうして地球の平均気温は14℃くらいとなっている。もし温室効果ガスがないと、地球はマイナス19℃くらいになってしまうと言われている。ちょうど温室のように熱を外へ出さないようにしているので、温室効果ガスと言われている（この本を書くまで知りませんでした。地球はよくできているのですね！）。

この温室効果ガスの中心的存在がCO_2（メタン、フロンガスなどもあるが）である。しかし、このカーボンが増えていくと、温室効果が効きすぎてしまう。つまり、「人類が自然の摂理に反して、多量のカーボンを発生させたために地球が温暖化している」ということである。

これは当初仮説であったが、後に科学的に証明される。

カーボンをこれ以上増やさない

ここに「カーボン・ニュートラル」という言葉が生まれる。

これは大気中へ人間が人工的に出すカーボンの排出量を〝なんらかの形〟で吸収して、プラス・マイナス・ゼロ（これがニュートラル）にするというものである。つまり、自然界の本来の姿であるカーボン・サイクルの状態に戻すことをいう。

このカーボン・ニュートラルを実現するためには、二つのことを並行して進めていく必要がある。

一つはカーボンの排出量を減らすことである。たとえば自動車の原動力をガソリンから電気へ変える、火力発電（火を使えばCO_2が出る）から風力発電へ変える、といったものである。

もう一つはカーボンの回収である。すぐに考えられるのは、植林、海藻（海藻も光合成をしている）の養殖といったグリーンを増やすことである。

ただ、これだけでは高が知れている。そこで人工的に（科学的に）カーボンを吸収して、どこかに封じ込めてしまうことを考える。この「封じ込め」はこれまで考えたこともなかったことであり、ここにはそのための新しい技術が必要となる。

このカーボン封じ込め技術の代表は、CO_2を大量に集めて何かに吸着したり液体に溶かしたりして、これを地中深くに埋め込んでしまうものである。ただ、これではCO_2自体は地球に残ってしまうので、これを化学的にアルコールなどに変えてしまうといったことも実験されている。

企業がＧＸをやるリターンは何か？

一方、カーボンを減らす努力は一国だけでは意味がない。大気は皆で共有している。ここにいくつかの問題が生まれる。最大の問題は、このカーボンという排出物は人類が起こした最大のイノベーションである産業革命によるものであり、これによって大きな富を得た人や国がいて、そして今も得ている人や国がいることである。

カーボン・ニュートラルをやろうとすれば、直接的に石油などの資源国へのダメージとなるだけではなく、エネルギー産業、機械産業、自動車産業……といった近代国家のインフラとなった企業へ大きな負荷、もっと言えばダメージを与えることになる。エネルギー（今はほとんどがカーボンを生む）によって事業が成り立っている勝ち組企業からすれば、エネルギー転換によってコストアップしてしまう。

しかも、それは単にコストアップだけの話にとどまらず、自らの事業を抜本的に変革しなくてはならないという難題を突き付ける。

自動車でいえば、「ガソリンをやめて水素エネルギーを使って車を動かす」ためには、エンジンから何から自動車に使われている部品をすべて変えなくてはならない。しかも、思い切ってそのために投資しても、顧客が水素自動車を買ってくれるとは限らない。

つまり、今までのように売上を伸ばす投資ではなく、売上を落とすかもしれない投資が必要となる。

そこに、「今がハッピーなのに、そんな遠い未来のために、なぜ今やらなければいけないのか。なぜ我が社がやらなくてはならないのか」という感情が生まれてくるのは、ごく自然なことである。

もう一つの問題はカーボンを生まない新しいエネルギーを、誰が、どんなカネで作るのかというテーマである。ここにもカーボン封じ込めと同様に、カネと高い技術力を必要とする。

いくらGXをビジネスとしてやりたいと思っても、そこにはカネと技術が必要となり、それがこれまでのように企業に新しいカネを生むとは限らない。ここに、GXの最大の難問が生まれる。それは「企業としてGXをやるリターンは何か」である。

GXは「皆でグリーンに」というキャッチフレーズ

さらには、GXをやりたくない既存の勝ち組から、「本当に地球温暖化の原因はカーボンか」といった反論までが出てくる。

それに対しては、IPCCという地球温暖化問題を考える国際機関が、2013年に「地球の気温上昇の原因は温室効果ガス排出による確率が95％以上」と発表した。ちなみに、数学の世界で95％というのは「ほぼ間違いない」ということである。

これに後押しされ、各国が協調して「カーボン削減という、今を生きる人類にとって『つらい仕事』をやろう」というムードが生まれ、これがゆっくりと進んでいく。

そして、キャッチフレーズが大好きな日本では、カーボン・ニュートラルという「暗くメリットが見えない表現」ではなく、ＧＸという「地球を皆でグリーンにする」という「明るく皆が合意できそうな表現」を考えた。

このＧＸの最終目的は「地球の温暖化防止」であり、その当面の目標数値がカーボン・ニュートラルという皆が合意しつつある目標である。

このカーボン・ニュートラルの本来の推進元は、地球を憂える国、政治である。そして、このＧＸという国の提案に、日本では企業で働く人たち、特に若者たちが強く反応している。

「なぜ、儲かるかどうかもわからないＧＸというビジネスを、会社が行わなければならないのか」という問いに答えるには、この「国の憂い」を理解することが求められる。

そこで、本書ではまず、この国の想いを理解することからスタートしよう。

ポイントは、ＧＸに対して「なぜアメリカはためらい、ＥＵ（ヨーロッパ連合）と日本は進めようとしているのか」という謎解きである。

Section 2 GXによって分割される世界

GXがスタートしたのは、なんと30年前

ここからは、カーボン・ニュートラルをテーマとした、GXについての国際協調を時間軸で見ていこう。

1992年にリオデジャネイロで開かれた地球サミットと呼ばれる国連の会議で、地球温暖化がテーマとなり、気候変動枠組条約が採択された。これに155カ国が署名し、1994年に発効する。ここでGXはスタートラインに立つ。なんと30年前である。

ただ、条約といっても何かを規制したり、ルール化したりするものではなく、「各国が皆で地球温暖化に取り組もう」という「意気込み」に合意しただけのことである。一応「2000年までに温室効果ガスの排出量を1990年の水準に戻す」という弱めの目標も

あったが、この程度のことであってもあえて「努力目標」と表現している。国際合意というのはやはり、なかなか大変そうである。

その上で、具体的な進め方の議論は「この条約の締結国が集まった会議で行う」と決められた。この会議はＣＯＰ（Conference Of the Parties）と呼ばれるもので、ＧＸの世界ではよく聞くワードである。このＣＯＰという会議の場で、地球温暖化防止への取組がゆっくりと議論、といっても特に話し合うことはないので、その「目標」について合意されていく。

ＣＯＰ１（ＣＯＰでは開催回数を数字で表している）はドイツのベルリンで開かれ、「２０００年以降の目標も立てていくこと」が合意された。

ＣＯＰ３は１９９７年に京都で開かれ、初めて数値目標が設定された。これが有名な京都議定書である。ここでの目標は「先進国全体で温室効果ガスを２００８年から２０１２年の５年間で１９９０年に比べ少なくとも５％削減する」となった。

ただし、すべての国の約束ではなく先進国だけとし、開発途上国は対象外とした。先進国は産業革命以来の工業によって発展したが、その代償としてカーボンを出してきた。だから自分の責任で、自分からカットしていこうというわけである。

これはOECD（経済協力開発機構。欧米を中心として経済全般に関して協議する機関。日本も加盟している）で合意したPPP（Polluter Pays Principle：汚染者負担原則）という環境に関する原則に基づくものである。PPPは「環境汚染をリカバリーするコストは、その汚染者が負担するべき」というルールであり、GXのベースとなる合意である。

その上で各国ごとに削減目標が協議され、世界最初の先進国であるEU（ヨーロッパ）が8％、アメリカ7％、日本は6％という結論になった。

積極的なEUと日本、ためらいがちなアメリカ

しかし、この目標の合意が進まない。各国が合意しないとその削減量が地球目標の5％に達しないので、この議定書が発効できない。

大国の横にらみが続く中、2001年になってアメリカのブッシュ大統領（共和党政権）がこの受け入れを拒否してしまう。共和党はトランプ前大統領でわかるように（彼は少し極端だが）、「アメリカ・ファースト」であり、地球よりもアメリカ第一である。

アメリカのカーボン排出量は世界2位（2019年時点）である。アメリカは拒否の理

由として二つのことを挙げている。「巨大排出国の中国（排出量世界1位）とインド（3位）が開発途上国という理由で入っていないのは国際競争上不公平」というものと、「アメリカ経済発展の足かせとなる」というものである。

GX／カーボン・ニュートラルの最大の問題は「あいつがやらないなら、私もやらない」「赤信号皆で渡れば恐くない」であり、やらない国や企業が一つ出るだけで、それが周りへ伝染する。

一方で国際競争（国際協調の反対。和ではなく競争）とは不思議なもので、逆にこれを見てアメリカの敵国ロシア（排出量世界4位）がこれを批准し、なんとか地球としての目標の5％に達し、2005年になってやっと京都議定書は発効された。

これから本書では度々出てくるが、GXにおいては競争と和という相反するものをどう調和させていくかが大きなテーマとなる。

日本、EUなどはこの予定した5年間で目標を達成した。ここで、カーボン・ニュートラルは「やればできるのでは」というムードが生まれる。

こうしてカーボン・ニュートラルの国際協調は、先進国中心で進められていくのだが、日本の同盟国アメリカには〝ためらい〟が見え、政権交代の度に揺れていく。

GXはEU、特にこの国家グループの政治面でのリーダーであるフランスが主導していく。日本は、戦後初めてアメリカと立場を異にし、GXに賛同するだけではなく、もう1人のリーダーを目指していくことになる。

「カネ儲け」の視点から逃れられないアメリカ

2008年、洞爺湖《とうやこ》サミットが開かれた。ここでは日本が議長国として「ポスト京都議定書」（カーボン・ニュートラルに向かっての次の目標）を議題にしようとした。しかし、世界のリーダー・アメリカは、「ためらい派」のブッシュ大統領の任期最後の年であった。そのためアメリカに遠慮して、サミットの合意結果に「約束」はなくなり、「2050年までにカーボン排出量の半減というビジョンを共有する」という弱めの目標と精神論で終わってしまう。

ここでブッシュ・アメリカは「このビジョンへの中国、インドなど新興国（開発途上国のうち近年開発を進めた国）の参加」を強く求めた。この時すでにアメリカのビジネス戦争の敵国となっていた中国、その次の戦争の相手と思われるインドと「同じ競争条件を」

という再度のアメリカの主張である。

アメリカはカーボン・ニュートラルを経済（カネ儲け）から見ればマイナスしかないと考えている。どうしてもマイナスを飲ませるなら「競争相手にもマイナスを」というわけである。

ためらいのアメリカが提唱した「ＳＤＧｓ」

こうした中で、前述のとおり２０１３年にＩＰＣＣが「地球温暖化は温室効果ガスが原因であり、このままでは21世紀末に地球は大変なことになる」と提言し、流れが少し変わる。ためらいのアメリカ、開発途上国として枠からはずれた中国、インドもこの危機感を共有する（せざるを得ない）ムードとなる。

ただ、アメリカ国内では意見がまとまらない。そのためアメリカは、経済面からすればあまり飲みたくない「地球温暖化＝カーボン・ニュートラル」という一点にこだわらずに、「未来の地球のありたい姿」というテーマで、地球リーダーの立場を取ろうとする。

すでに２０００年９月には、ニューヨークで開催された「国連ミレニアム・サミッ

SDGs17の目標

1 貧困をなくそう
2 飢餓をゼロに
3 すべての人に健康と福祉を
4 質の高い教育をみんなに
5 ジェンダー平等を実現しよう
6 安全な水とトイレを世界中に
7 エネルギーをみんなに、そしてクリーンに
8 働きがいも経済成長も
9 産業と技術革新の基盤をつくろう
10 人や国の不平等をなくそう
11 住み続けられるまちづくりを
12 つくる責任つかう責任
13 気候変動に具体的な対策を
14 海の豊かさを守ろう
15 陸の豊かさも守ろう
16 平和と公正をすべての人に
17 パートナーシップで目標を達成しよう

ト」で、ミレニアム開発目標（Millennium Development Goals：ＭＤＧｓ）を宣言していた。15年後の２０１５年までに各国がなすべき「開発」についての目標を定めたものである。

そしてその15年後の２０１５年のニューヨークの国連総会で、日本で流行語となるＳＤＧｓ（Sustainable Development Goals）が採択された。

ここでＭＤＧｓのＭ（２０００年）を「Sustainable＝持続可能な」と変えた。つまり、未来の子供たちのために地球を持続させるためのゴールである。言い方を変えれば、「このゴールを意識しないで人間が勝手気ままに活動すると、地球は持続しない」という

宣言である。

ここでは17の目標（ＳＤＧｓ２０３０アジェンダといわれる）と、それに伴う１６９の達成基準（何をゴールにするか）、２３２の指標（そのゴールを測るための数字の基準）が定めてある。

この「ゴール＝数値達成の年度」は、15年後の２０３０年としている。これは後述する「カーボン・ニュートラルの２０５０年」より20年も前の近未来である。

ＳＤＧｓの順番から見えるアメリカの気持ち

アメリカにとって悩ましいカーボン・ニュートラルに関するテーマは、ＳＤＧｓの7番目と13番目という、なかなか微妙な位置にある。

まず、ＳＤＧｓ7は「エネルギーをみんなに、そしてクリーンに」となっている。その「前提」として、「今世界中で電気を使いたいが使えない人が約8億人もいること」と書いている。つまり、「みんなに」が先であり、その次が「クリーンに」である。

ゴールについても、第一が「安価で信頼できるエネルギーサービスを広くいきわたらせる」、第二が「世界の再生可能エネルギー（後述）の割合を大幅に拡大する」、第三は「世界的にエネルギー効率の改善率を倍増する」となっている。つまりエネルギーの安定供給が主テーマである。

気候変動については13番目という下位の位置づけであり、それも「気候変動に具体的な対策を」という表現のみで終わっている。しかも、このテーマのゴールを見ると、「災害へのレジリエンス（気候変動で災害が起きてもすぐに立ち直ること）」「気候変動対策を各国の政策に盛り込む」「気候変動に対する教育、啓発、人的能力および制度の改善」「可能な限り各国が速やかに資本を投入して緑の気候基金を本格始動」などとなっており、あえてカーボン・ニュートラルを避けているような感さえある。

グリーンに世界中のマネーを

このＳＤＧｓ13のゴールとして唯一具体的なのは、「緑の気候基金」（Green Climate Fund：ＧＣＦ）の設立というものだ。

ここで初めて（と思う）greenという言葉が使われている。これは先進国が生んだ地球温暖化という「負の遺産」で迷惑をかけている開発途上国に、「カネ」を提供しようというもので、マネー第一のアメリカらしい発想である。

ただ、ここから先のアクションがもっとアメリカらしい。

これを言い出したアメリカ（この時の大統領はオバマ）は、ＧＣＦへの当初の拠出額として30億ドルと表明した。しかし、大統領がトランプに代わると、例によってこれを取り下げ、オバマ政権時の10億ドルの拠出にとどまっている。

一方、日本は真っ先に15億ドルを拠出し、これによって実質的にＧＣＦはスタートした。現在の拠出額は（表明した分＝出すと言った分も含めて）全体で２００億ドルで、日本、イギリスが30億ドル、フランス、ドイツが27億ドル、そして世界のリーダー・アメリカが10億ドルである。

ここにもＧＸへの各国のスタンスが見える。その中心はＥＵ（ＧＣＦの額の約半分を占める）であり、一国として見ると日本もリーダーの一角を占める。

この頃から日本ではこの「グリーン」という言葉が前面に出てくる。

やっと地球温暖化が前面に

こうした中で２０１５年12月、フランスのパリで、ＧＸの〝本当のスタート〟として有名なＣＯＰ21が開かれた。ここでやっと「パリ協定」という次の合意がなされる。京都議定書のＣＯＰ３から実に18回の会議があったことになる。

ＣＯＰ21では前述のＩＰＣＣの提言を受け、目標を「カーボン削減」からその上位テーマである「地球温暖化」へとランクアップした。

その目標は「産業革命前を基準として、地球の平均気温の上昇を２℃未満に抑える」というものであり、さらに「１・５℃未満に抑える」を努力目標としている。そして「カーボンの削減」をこの目標を達成するための手段と位置づけた。

ＩＰＣＣは「上昇を２℃未満とするなら『２１００年』、１・５℃未満とするなら『２０５０年』にはカーボン・ニュートラルが必要」とした。

これを受け各国が「２０５０年カーボン・ニュートラル宣言」へと向かっていく。

しかし、このパリ協定では、京都議定書におけるアメリカをはじめとした各国のゴタゴタを引きずってしまう。そして、もめた理由の一つであった「中国、インドなどが対象外」といった問題を解消すべく、「削減目標は各国が定める」とした。

これを受け、やっと排出ガス量1位の中国、2位のアメリカ（この時の大統領はどちらかと言えば推進派の民主党のオバマ）もこれを批准した。

しかし、2016年にアメリカ大統領選挙に勝利したトランプは、なんと「地球温暖化というものは石油などをベースとして世界チャンピオンになったアメリカの競争力を下げるために、中国が言い出した国家戦略である」と主張し、ちゃぶ台返ししてしまう。そして2017年に「パリ協定に反対」との意思を表明した上で、2019年には本当にパリ協定離脱を表明してしまう。

一方、これを見てパリ協定を批准していなかったロシアが、アメリカの離脱にタイミングを合わせるかのように2019年に批准した。さらに中国は、2020年に「2060年までにカーボン・ニュートラルを実現する」と宣言する。

その後、2021年にトランプから政権を奪取した民主党のバイデンは、パリ協定に復帰する。政権交代の度に政策ベクトルが180度変わるアメリカらしい対応である。

現在のアメリカの「分断」がここにも表れている。地球温暖化防止という国際協調＝「和」に前向きの民主党と、資本主義の原点である「競争」をフラッグとする共和党という「二つのアメリカ」である。

日本企業がGXに踏み込めない理由の一つは、GX反対派が「アメリカではやっていない」と抵抗するためである。しかし、ここまでの流れを見てもらえればわかるとおり、日本が「追い付き、追い越せ」と目指してきたアメリカは今や地球のリーダーではなく、「我が身を守るのが精一杯」というところまで落ちている。

ヨーロッパはデカップリングでGXを進める

こうした中で、米中経済戦争でやや影が薄くなってしまったEUが、地球温暖化という世界テーマ解決の中心となり、世界をリードしていく。

ここで彼らが言い出したキーワードは「デカップリング」である。これはアメリカが取り入れられない考え方である。

デカップリングとはカップル（くっつく）の反対、すなわち「切り離す」という意味である。

これまでの政治の常識では、経済成長とエネルギー消費は「カップル」であり、国の成長のためにはエネルギーが必要というものであった。このエネルギーの中心は、石油というカーボン・エネルギー（カーボンを出すエネルギー）である。

デカップリングとは、経済成長とエネルギー問題を切り離すという考え方である。つまり、これまでの常識である「経済発展のためにカーボン・エネルギーが必要」という主張を覆し、「カーボンを削減しても経済を成長させることができる」というものである。

この仮説こそが、ＥＵがカーボン・ニュートラルへ踏み込んだ理由である。そしてこの「成長」は、これまで考えてきた「企業利益の増大」ではなく、「社会利益の増大＝国民の幸福」である。

アメリカは資本主義（「企業のカネ」＝「資本」が社会を発展させる）であるが、ヨーロッパは社会主義（社会利益を国が守る）である。つまりそもそも政治の考え方（イデオロギー）が違っている。ヨーロッパでは社会利益のために国が企業をコントロールすることができる。

もう一つ、アメリカとヨーロッパで異なっている点がある。それは石油である。ヨーロッパはこれまでの石油に頼った経済運営が、自らの国際競争力を落としてしまったと感じている。

石油産出量の世界ランキングは、アメリカ、サウジアラビア、ロシア、カナダ、中国の順である。これこそがアメリカがヨーロッパを超えて経済成長した理由であり、中国がアメリカと対等に戦っている理由である。そしてロシアがウクライナに戦争を仕掛け、欧米から経済制裁でハブられても生き続けている理由である。

「石油をなくす」ということは、この国際秩序が大きく変わることを意味している。

ヨーロッパは石油というカーボン・エネルギーの使用を世界各国が減らすことで、自らの国際競争力が高まるという仮説を持っている。そのため、かなり昔からカーボン・エネルギーを使用しないことを経済政策のベクトルとしており、カーボン排出量は日本よりも少ない（EU全体ではなく国別に見てではあるが）。「地球温暖化」「カーボン・ニュートラル」も、EUがその発信源である。

つまり、EUにとってカーボン・ニュートラルは、アメリカ、中国を押さえて世界チャンピオンに返り咲く絶好のチャンスといえる。

新たな米中対立の火種

一方、現世界チャンピオンのアメリカはこの「グリーン」「カーボン・ニュートラル」に悩んでいる。企業第一の資本主義国家アメリカにとって、EUのいうデカップリング、つまり経済発展とグリーンを切り離して両立することなどできっこない。これまでアメリカの発展を支えてきた自動車をはじめとする工業、オイルメジャー（世界の石油産業を支配したアメリカの巨大企業）にとって大きなダメージとなるからだ。

この伝統的な産業の凋落をリカバリーしているのはIT産業である。しかしIT企業はグローバル化し、「アメリカの企業＝アメリカの国民が働く場」ではなくなっている。つまり働くアメリカ国民から見て、IT産業は工業のパワーダウンを支える存在にはなっていない。

こうした中で、苦しくなった伝統的産業にとってダメージとなることは少しでも先延ばししたい。４年間という任期で選挙によって選ばれる大統領にとって、30年後（２０５０年）、ましてや22世紀のことなどなかなか考えられない。それでもさすがに世界のリーダーとしてこの風に逆らうわけにはいかず、「ゆっくりとグリーンに向かう」しかない。

この風によりダウンした分のリカバリーは、これまでのアメリカがやってきたことと同じ手を使うしかない。グリーンエネルギー向けの新事業、新商品を開発し、開発途上国へこれを売っていくというものである。しかし、このグリーンの商品像がつかめずにいる。

これが、アメリカの国としての共通の想いである。

そして、それと同じようなことを考えているのが中国だ。だからこそアメリカは中国やインドと「同じ土俵で」ということにこだわっている。

分断の国アメリカに対し、中国は共産党の一枚岩でブレがない。そして過去の栄光がない分、GXという変革によるダメージも少ない。そのためGXビジネスも、これまでやってきたようにゆっくりと後方からキャッチアップするという姿勢を取っている。

GXによって三分割される世界

日本を取り巻く世界は今、GXにより三分されている。

その中心はデカップリングのEUである。グリーンによってダメージを受けても、それを超えるリターンが見込める元世界チャンピオンである。「グリーンを政治リーダーのフランス、経済発展を産業リーダーのドイツが」というデカップリング構造である。

2番目がこのデカップリングの調整ができず国が二分されてしまい、グリーンへの対応に悩む現世界チャンピオンのアメリカである。

3番目は風雲児の中国である。産業革命の恩恵を受けられず、戦争によってダメージを受け、その後共産主義を取ることで閉鎖社会となって伸び悩み、この門を開くことで急成長を遂げてきた。グリーンでは遅ればせながら2020年に、ワールドスタンダードから10年遅れの2060年ではあるが、カーボン・ニュートラルを宣言した。これは次期世界チャンピオンへの挑戦宣言であり、世界をリードする意欲とも言える。

では、こうした中で日本国は政治（国）、経済（企業）という両面でどのようなポジションを取っていくのだろうか。これが理解できれば、企業のＧＸビジネスへの道筋が見えてくる。

Section 3
日本のエネルギー・ソリューションにGXのヒントがある

日本ではGX以前からエネルギー問題は社会の大きなテーマであった。ここで、エネルギー問題への日本国としての対応を時間軸で追ってみよう。そこにはGXを進めるための大きなヒントが隠されているはずである。

省エネ大国日本を作った官民一体

日本にエネルギー問題という課題を生んだきっかけは、今から50年前の1970年代前半に起きたオイルショックである。外国から入ってくる石油の量が減って日本中が大騒ぎとなった。

石油から作り出される大量の電気は、日本の戦後復興を支えてきた。そして、最大の消費者向け商品の自動車は石油をエネルギー源としていた。

日本の高度成長は石油によって支えられていたと言っても過言ではない。

そんな中、１９７３年の第四次中東戦争を機に、原油が供給逼迫《ひっぱく》となり、価格が急激に上昇した。第一次オイルショックである。さらに１９７９年にはイラン革命を機に第二次オイルショックが発生。ともに石油の出荷量が急速に下がったことで、日本の成長に陰りが見えた。

この時、日本は１９７１年のニクソンショックによる円高不況に陥っていた。ここにオイルショックが重なり、生活物価がすさまじい勢いで上昇し、狂乱物価と言われた。

しかし、当時の若き日本企業の足腰は強く、「省エネルギー」＝省エネという形で官民一体となってこのピンチを乗り切る。この省エネの成功体験で、日本は「官民一体となる強さ」を知ったと言える。

この時、政府は省エネ法という法律を作ったのだが、これは規制（こうしなさい）ではなく、規範（こんな感じで皆でがんばってやりましょう）と努力目標（罰則はないが「皆のためにやりましょう」）だけを定めた。当時の大平正芳首相は、省エネルックと呼ばれた半袖の背広を着て、クーラーの温度を上げてほしいとマスコミを通して訴えた。こうして国民に「今は日本のピンチだから、省エネを皆でやろう」というムードを作り上げた。

一方、企業に対しては精神論だけではなく、省エネのための投資に対して国のカネを使って思い切った支援を行う。そのために国債（国の借金）の発行も行った。国債のカネの向かう先を、これまでの公共工事から省エネ投資へとシフトさせた。

それに応える形で、エネルギーを大量に使う製造業（工場）が省エネに対応していく。これは最もダメージの大きい自動車産業が中心となって進められた。

ここで脚光を浴びたのが、自動車産業で世界チャンピオンとなったトヨタが編み出し、世界的にも有名なＫＡＩＺＥＮである。この手法が、日本中の企業で取られることになる。

ＫＡＩＺＥＮは現場で働く人自身が、自分の仕事のムダ、ムリ、ムラをなくす改善努力をすることである。このＫＡＩＺＥＮのテーマに「省エネ」を加えた。これによって工場のエネルギーの効率化が図られるだけでなく、それがコストダウンとなり、直接的な利益も得られ、価格競争力も付けることができた。この時、トヨタはこの省エネをベースとして新しいタイプの自動車を作り、世界チャンピオンの道へ向かっていく。

しかし、この時に取った二つの手法はGXには適用されない。「ムード作り」はマスコミを中心として行うものだが、GXにはマスコミが乗ってこない。だからGXがニュースになることはほとんどない。

KAIZENというスタイルはGXではややきつい。KAIZENはすぐ目に見える効果を求める努力である。一方、GXは遠い未来にリターンがある。

GXにはKAIZENではなく、後で述べる「変革」という進め方が必要となる。変革は問題点解決ではなく、未来のありたい姿（2050年のカーボン・ニュートラル）に向かっていくアクションである。

環境ビジネスはカネになる？

この時の省エネ活動は、日本に新しい事業を生む。それが「環境ビジネス」である。つまり「環境を守る」という国家が行う活動を、民間がビジネスとして考えるものである。

当時、国はESCO（Energy Service COmpany）というビジネスモデルを輸入した。これは省エネを事業とする会社（これがESCO）を作り、このESCOが一般企業の省エネをサポートする。

ＥＳＣＯは、この省エネサービスによって顧客企業がコストダウンできた分の一定割合をサービス料として受け取る。

ただこの時には、大企業は自社で省エネを実現してしまい、中小企業がそのビジネス対象となった。そのためＥＳＣＯというマーケットは極めて小さいものだった。

しかし、このＥＳＣＯというモデルは、環境ビジネスだって「カネになる」ということを日本に教えることになった。ただ、それがかえってＧＸの障害ともなってしまう。それは裏を返せば、社会のための環境ビジネスであっても、「カネにならないのならやらない」というムードを企業に生むことである。

「空気」が環境ビジネスの重要なテーマに

この「省エネ」は次第にその限界を迎える。それは「もうこれ以上は無理」というものである。当時はよく「乾いたゾウキンを絞る」と表現された。コストダウンを目指せば必ず到達するゴールである。そのためＧＸを省エネと勘違いしている人は「もうやり切った」

と言う。

ここで日本の環境ビジネスのターゲットは、省エネから次第に「空気」となっていく。エネルギーを減らすのではなく、もっと直接的に「閉鎖された世界で空気をきれいにする」=「きれいな空間」を目指すことである。

こうして空気をビジネス対象としてきた企業が、いっせいに自社サービスの付加価値として「きれい」を考えるようになる。その一番手は、空調ベンダー（空気の温度などを調整する企業）をその一部とする日本の巨大産業「建設業」である。

建設業は自動車産業と同規模（50兆円程度）でGDPの10%を占めている。彼らは家、オフィス、工場、施設などの建物を作ってきたのだが、自分たちがその建物の「空気」を提供していることに気づく。建物を作る理由は「壁」がほしいのではなく、その壁によって「生活する空間、働く空間」=「環境」を作ることにある。

この空間ビジネスはこれまで温度を中心に考えられていたが、ここに「きれいな空気」を求めていくという流れが生まれる。そしてこれが顧客に受け入れられ、「空気ビジネス」という新しい事業を生み、この空気ビジネスのためにさまざまな「空気技術」が開発される。それは空気のセンシング（状態チェック）とコントロール（きれいにする）という二つの技術である。

こうした中で空気ビジネスという環境ビジネスに、センシング（計測）、コントロール（制御）という技術を持った企業が参入する。

その代表的な例がアズビルである。アズビルはもともとはセンシングとコントロールというオートメーション技術で、さまざまな機械・部品を作ってきたメーカーであった。この中の一つに空調機器があるのだが、これをソリューションビジネスへと転換した。つまり空気を調整する機械を売るのではなく、空気をコントロールするサービス（価値）を提供するというものである。

提供価値の対象としては、最初は温度であったが、これをエネルギー、そして「きれいな空気＝環境」へと広げていく。つまりメーカービジネスから環境ビジネスへの進出である。

この環境ビジネスで生まれた「センシング＆コントロールという空気技術」こそがGX技術の基盤である。

日本が環境ビジネスを進める、三つの背景

こうした中で日本は1991年にバブル崩壊を迎える。そしてその翌年の1992年に、気候変動枠組条約に署名する。しかし、この時の日本とすれば、地球よりも日本国のサステナビリティに暗雲が見えていた頃であり、「それどころではない」というのが社会のムードであった。

しかし、日本はこの後生まれてくる「カーボン・ニュートラル」という環境ビジネスの新しいテーマを、官民一体となって進めることで活路を見出していくことになる。そこには三つの背景がある。

その一つは石油依存経済からの脱却である。先ほど述べたヨーロッパと同様である。外国に依存した石油からの脱却は長年のテーマであったが、日本ではこれまでエネルギー革命と呼べるものはなく、せいぜい後に大問題となる原子力発電のみであった。今回、カーボン・ニュートラルという風に乗ることで、新しいエネルギーを官民一体となって見つけていくというムードを作る。まさにエネルギー革命である。

これまでのエネルギー戦略はコストパフォーマンス（いかに安いコストで大きなエネルギーを得るか）と安定性（コンスタントに得られるか）が2本柱だった。そして「石油の代替品」という形でいくつかのエネルギーが考えられてきた。

今回のエネルギー革命では「カーボンを出さない」という新しい指標がここに加わることになる。こうして、これまでコストパフォーマンスから否定されてきた「炭素ではなく水素から得られるエネルギー」といったものも注目されるようになる。

二つ目は国が「環境にやさしく」というキャッチフレーズで、「環境」を政策テーマの一つにしたことである。公害対策というマイナス面から作ったマイナー官庁である環境庁を環境省へと昇格させ、日本らしくこの環境というテーマに「予算」というカネを付け、環境を政策の柱とするというはっきりとした意思表示を見せた。

三つ目はこの「環境」をビジネスチャンスとしてとらえることである。日本はカーボン・エネルギーを使って製造業ビジネスで圧勝したが、その後、中国、台湾、韓国にキャッチアップされてしまった。アメリカが作ったITビジネスでも、完全に出遅れてしまう。そんな中、環境サービスという事業をジャパニーズ・ニュービジネスの柱にしようとするものである。

「見えないもの」にカネを払ってくれるのか、という難題

しかし、この環境というビジネスには、先ほども述べたが大きな課題がある。「そのビジネスは儲かるのか」、さらに言えば、そもそも「空気という目に見えないものに、個人、企業という顧客がそのコストに見合う対価を払ってくれるのか」ということである。

私が行っている経営セミナーでは、この20年くらい「新規事業開発」が大きなテーマとなっている。これについてディスカッションしてもらうと、多くの企業で「環境ビジネス」が事業テーマとして挙がる。しかし、そこから先がなかなか進まない。「そんなことやっても、儲からないだろう。俺たちが稼いだカネをそんなことに使うのか」といった声に、誰も反論できないからだ。

この解決策のポイントは、「政府」という「環境」を司る社会の事務局にあることがだんだんとわかってくる。すなわち官民一体しかその道はない。それが後で述べるソーシャルビジネスという新しい事業モデルである。

Section 4

環境をビジネスとして考える

ここからはＧＸビジネスをエネルギー問題のソリューションというネガティブな面ではなく、そこから生まれた「環境ビジネス」というポジティブな面から時間軸で見ていく。

「エコ」とGXは何が違うのか？

環境ビジネスのトリガーとなったのは、１９９７年の京都議定書である。しかし、当時の日本企業はいまだバブル崩壊のショックから抜け切れず、カーボン・ニュートラルという「地球を守る」という壮大な理念を受け入れる余裕も気力もないのが現実だった。

バブル崩壊後の不毛な10年を終え、２０００年代に入って企業はゆっくりと元気を取り戻してくる。この頃から大企業を中心に「社会との良好な関係」（後で述べるパブリック・

リレーションズ）といったことに目が向けられる。

そして「エコ（エコロジー）」「環境にやさしい」といった言葉がブーム、というよりも一般的なビジネス用語となっていく。

ここで日本人は、「環境に目を向ける人」と「そんなことは気にしない人」という形に二分化されていく。そして前者の中で、これを周りへ訴える人をエコロジストと呼ぶようになる。

この流れの中でマーケターたちが、LOHAS(Lifestyles Of Health And Sustainability：健康で持続可能なライフスタイル）をキーワードとしてブームを作り、このスタイル向けの商品がヒットする。こうして「サステナブル」という言葉が生活、ビジネス、特にマーケティングの世界で注目される。ここにエコ・マーケットという極めて小さなマーケットが生まれる。

このエコ・マーケットとGXを混同している人は極めて多い。エコは商品に「地球にやさしい」というファジーな価値を付けるもので、期待しているものはそれによる売上増大である。

一方、GXはカーボン・ニュートラルというまったく異なる目標を持っている。この違いを理解していないと、「GXはエコと同じで商売にならない」という話で終わってしまう。

「再生可能エネルギー」が大きなテーマに

その後、2008年にはリーマンショックが起き、企業はエコどころではなくなってしまう。さらに2011年には東日本大震災が発生。カーボン・ニュートラルを支えるものの一つと考えられていた原子力発電（カーボンを出さない）が、先の見えない状況に陥ってしまう。

そんな中で急浮上した言葉が「再生可能エネルギー」である。

再生可能エネルギーは枯渇性エネルギーの対義語である。枯渇性エネルギーとは、人間が消費してしまうとその生産が追い付かないものである。古代生物などからなる石油、石炭、天然ガスなどがその代表であり、燃やせばどんどんなくなっていく。

これに対し再生可能エネルギーは、人間が消費した分を自然の力で回復していくものである。特に発電で注目され、太陽光、風力、地熱（温泉国日本では注目されている）、さらにはバイオマス（農林水産物、木くず、食品廃棄物、家畜の排せつ物などをエネルギー源とするもの）といったものがある。

しかしこれらのものに、エネルギーとして石油に取って代わるパワーを感じることはできない。この時には「止めてしまった原発の発電パワーをなんとか少しでも補う」という形でとらえられていた。

世界でGXへの転換点となったのは、前述の2015年のSDGsとパリ協定である。

これを機に、世界では「循環型社会」が環境政策のキーワードとなる。これは2015年にEUが政策として発表したサーキュラー・エコノミー（Circular Economy：循環経済）から注目されたものだ。

しかし日本では、2000年に循環型社会形成推進基本法によってその社会モデルをもうすでに提示し、実行していた。循環とは「モノの実体がなくなっても、巡り巡ってまた元に戻る」という意味である。ここでは「実体を消費した結果（ゴミなど）を再生資源として活用する」といったリサイクルを指している。

日本ではこの基本法に基づいて廃棄物処理法、資源ごとのリサイクル法（容器包装リサイクル法など）が施行され、世界で類を見ないほどの厳しいゴミ分別、リサイクルにチャレンジし、かつ成果が見えていた。

実はこの頃、日本ではEUのサーキュラー・エコノミーという「やってしまったこと」ではなく、GXをやるための強力な政治パワーが登場し、GXへの流れが変わることになる。

グリーンへチャレンジするというたくましい宣言

この2015年は故安倍晋三元首相が第二次政権の絶頂期であり、3本の矢のうちの本命の成長戦略の実行中であった。この成長戦略では働き方改革を前面に出していたが、その道筋が見えたタイミングであり、次の一手を探していた。

まず注目したのがアメリカに先行された「デジタル」であり、DXである。そして、DXに次ぐ最後の矢として「グリーン」を見つける。いろいろ調べてもよくわからなかったが、GXの「グリーン」という言葉を日本で最初に使ったのは安倍政権ではないかと思う。そして日本はDXよりGXが政治戦略の中心となっていく。

安倍首相は2019年、首相官邸で「グリーン・イノベーション・サミット」を開催した。これはTCFD（気候関連財務情報開示タスクフォース）という気候に関してのプロジェクトチームの各国の主要メンバーを集めたものだが、安倍首相の独壇場であり、演説会のようであった（とマスコミの記事に書いてあった）。この時から日本では「グリーン」が成長戦略のど真ん中に位置するようになる。

2020年9月に就任した菅義偉前首相は国会の所信表明で「我が国は2050年までに温室効果ガスの排出を全体としてゼロにして脱炭素社会の実現を目指す」という「2050年カーボン・ニュートラル宣言」を行った。ここではカーボン・ニュートラルを脱炭素という日本語で表現している。

安倍政権時には「2050年までにカーボン80％削減」としていたものを、一気にカーボン・ニュートラルへと踏み込んだものである。つまり残った20％のカーボンを人工的に封じ込めていくということである。

ほぼ同じタイミングで中国の習近平主席が「カーボン排出量を2030年までに減少に転じさせ（逆に考えるとそこまでは減らすとは言っていない）、2060年にはカーボン・ニュートラルを目指す」と宣言した。この中国の消極的な姿勢に対し、日本のより早期で、かつ歯切れのよい宣言は世界中から注目を集めた。

「GXは成長のチャンス」というムード

上場大企業の組合といえる経団連も、すぐにビジネスサイドとして反応する。そのスタンスは「経済界としてもグリーン（カーボン・ニュートラル）はウェルカム」というものであった。つまり経済界もGXを規制ではなく、ビジネスチャンスとしてとらえたいというものである。

経団連は2020年12月に「2050年カーボン・ニュートラル（Society 5.0 with Carbon Neutral）実現に向けて―経済界の決意とアクション―」というタイトルで、「経済界として菅首相の表明を英断として高く評価するとともに、これに向け政府とともに不退転の決意で取り組む」と宣言した。民から出た官民一体宣言である。

ここで経団連は「カーボン・ニュートラルのためにまったく新しい価値を創出することで、まさに『革命的に』生産性を押し上げる可能性を秘める」と宣言し、カーボン・ニュートラルをイノベーション創出のチャンスとしている。

このあたりから、まさに「官民一体となって」という合言葉のもと、「経済成長をグリーンで進めよう」という機運が生まれてくる。言い換えれば、「GXはビジネスにもなる」というムードが生まれる。

2021年に経団連の会長は日立の中西宏明から、住友化学の十倉雅和へとバトンタッチされる。住友化学はカーボンの石油化学部門とともに、グリーン系の農業化学部門を持つユニークなグローバル企業である。住友化学の「2022～2024年度中期経営計画」には「カーボン・ニュートラル」「GX」「水素」というワードが度々登場し、「CO_2からのアルコール製造」「CO_2分離膜」「菌根菌（CO_2を固定する）」といったカーボンをなくす技術についても書かれている。

経済界もDXのリーダー日立から、GXのリーダー住友化学へとバトンタッチされた。

こうして日本の経済成長の柱は「デジタル」とともに「グリーン成長」がキーワードとなる。そしてGXという言葉が、当時、流行語となっていたDXを真似て使われるようになる。

気候「野心」サミットが開催される

２０２０年12月、「気候野心サミット」が行われた。この年に開かれる予定だったイギリスのグラスゴーでのＣＯＰ26がコロナ禍で1年延期されたため、国連、開催国のイギリスおよびＥＵ・ＧＸリーダーのフランスの共催で急遽、オンラインスタイルで開かれたものである。

この会議に「野心」（ambition）というタイトルを付けたのは、各国の「常識を超えた目標を期待する」という国連の想いであった。ここに菅首相をはじめ75カ国のリーダーが参加し、カーボン・ニュートラルへの自国の「野心」を発表した。

しかし、この時の議長を務めた国連のグテーレス事務総長（ＥＵのリーダー政治家）は、その後、２０２２年に「この約束が実行されていないことに怒りを感じる。我々は依然として誤った方向に進んでいる」とし、「２０２３年にもう一度気候野心サミットを開く」と発表した。そして「次のサミットは従来の焼き直しやごまかしを容認せず、野心的で効果的な、そして具体的な行動計画を持ち寄ることが必須の参加条件だ」とした。

ロシア、ウクライナ問題でも世界が感じている国連の無力さ、アメリカ、中国が言うことを聞かずEUがリーダーシップを取れないことへのいらだち、焦りを感じさせるものである。

中立な立場を取る日本

この中でEUにとって唯一の味方とされているのが、工業立国なのにこれに賛同した日本である。

なぜ、日本はこうした立場を取ったのか。菅政権が提唱した「経済安全保障」(戦争ではなく経済的なリスクから国を守る)という概念を踏まえて説明すると、以下のようになるだろう。

日本の経済リスクとしては、エネルギー、食糧が二大テーマである。これについてはアメリカ頼りにしてきた「防衛」からは切り離して考えるしかない。特にエネルギー、グリーンに関して、日本はアメリカとは明らかに違う立場であり、まったく異なるリスクを抱えている。そのため、このリスクに対してアメリカは何もしてくれない。というよりもかつての自動車、半導体の時のように、むしろ日本のリスクの源となるかもしれない。

自動車業界では1980年代に、いわゆる日米自動車摩擦により、アメリカから日本メーカーに対する激しいバッシングが行われた。半導体では、アメリカからの攻撃（日米半導体戦争と呼ばれた）で、日本の半導体メーカーは壊滅的な打撃を受け、撤退に追い込まれた。そして、その結果として、台湾、中国、韓国に漁夫の利をさらわれてしまった。そのダメージは今も響いている。

経済大国日本としては、自国の経済は自国で守ることを確認し、対立しているアメリカ、中国、ＥＵという三者に対しフェアで中立な立場を取ろうとしている。そして日本独自のＧＸを進めることで、停滞してしまった日本経済を再び成長させようと考えている。

Section 5

日本のグリーン成長戦略を知っておく

こうして、GXは「地球の願い」から「日本の経済成長戦略」となっていく。社会の一員たる企業としては、この国家戦略に沿って官民一体で進めていくのが使命だと言えるだろう。では、日本国のGX戦略とはどういったものなのか。企業はどのように国家と組んでいけばいいのだろうか。

「パワポのような資料」からわかる国の本気度

2020年12月、菅政権はついに「グリーン」を「成長」とはっきりと結び付けることを表明する。それが「グリーン成長戦略」の発表である。タイトルは「2050年カーボンニュートラルに伴うグリーン成長戦略」となっている。

ここで政府から発表されたステートメントは次のようなものである。

■２０２０年10月、日本は「２０５０年カーボンニュートラル」を宣言した。

■温暖化への対応を、経済成長の制約やコストとする時代は終わり、国際的にも、成長の機会ととらえる時代に突入。

⇩従来の発想を転換し、積極的に対策を行うことが、産業構造や社会経済の変革をもたらし、次なる大きな成長につながっていく。こうした「経済と環境の好循環」を作っていく産業政策＝グリーン成長戦略。

■「発想の転換」「変革」といった言葉を並べるのは簡単だが、実行するのは、並大抵の努力ではできない。

⇩産業界には、これまでのビジネスモデルや戦略を根本的に変えていく必要がある企業が数多く存在している。

⇩新しい時代をリードしていくチャンスの中、大胆な投資をし、イノベーションを起こすといった民間企業の前向きな挑戦を、全力で応援＝政府の役割。

■国として、可能な限り具体的な見通しを示し、高い目標を掲げて、民間企業が挑戦しやすい環境を作る必要。

⇩産業政策の観点から、成長が期待される分野・産業を見出すためにも、前提としてまずは、２０５０年カーボンニュートラルを実現するためのエネルギー政策およびエネルギー需給の見通しを、議論を深めていくにあたっての参考値として示すことが必要。

⇩こうして導き出された成長が期待される産業において、高い目標を設定し、あらゆる政策を総動員。


堅い役人文章ではなく、企業が戦略をアピールする時のパワーポイントのレジュメのようである（少しキレが悪いが）。「企業にもなんとかわかってほしい。一緒にやろう」という気持ちが伝わってくる。

ここではＥＵが唱えるデカップリングからもう一歩踏み込んで、カーボン・ニュートラルを「成長の機会」としている。その上で「これまでのビジネスモデルや戦略を根本的に変えていく必要がある」としている。ＧＸのＸである。

このあたりから政府は「グリーン」「ＧＸ」という言葉を積極的に使うようになってい

く。そして民間企業のGXへの挑戦を全力で応援する姿勢を見せる。

グリーンによる「ビジネスチャンス」を前面に

２０２１年６月にはこのグリーン成長戦略を一部マイナーチェンジし、あわせて戦略実行のための具体策を提示した。ここではタイトルからカーボンニュートラルという言葉を取り、そのベクトルを次の３点とした。

■温暖化への対応を、経済成長の制約やコストとする時代は終わり、「成長の機会」ととらえる時代に突入している。
■実際に、研究開発方針や経営方針の転換など、「ゲームチェンジ」は始まっている。
■「イノベーション」を実現し、革新的技術を「社会実装」する。これを通じ、２０５０年カーボン・ニュートラルだけでなく、CO_2排出削減にとどまらない「国民生活のメリット」も実現する。

ここでは成長を前面に出し、「地球環境を守る」というよりも、その制約を逆に「ビジネスチャンスにしよう」と訴えている。企業、国民へのＧＸの「掛け声」である。

日本が得意とするムード作りである。ただ残念ながら、このムード作りの主体として期待されるマスコミがいまいち反応しない。このマスコミの無反応はこの後も続き、社会のためのマスコミがかえってＧＸの足かせとなってしまう。

さらに、これからのアクションとして「高い目標を掲げ、技術のフェーズに応じて、実行計画を着実に実施し、国際競争力を強化。２０５０年の経済効果は約２９０兆円、雇用効果は約１８００万人と試算」としている。一つ目の文章の主語がはっきりしないのでわかりづらいが、「皆で一丸となって頑張れば日本は大きく成長する」と言いたいのだと思う。

スタートアップのカネは国が出す

グリーン成長戦略では「政策を総動員し、イノベーションに向けた、企業の前向きな挑戦を全力で後押し」としている。この後押しの中心は無論「カネ」であり、その第一は国家予算（国のカネを使う）である。

この時点では、具体的なカネとしてはグリーン・イノベーション基金（2兆円）だけを挙げている。この2兆円のカネはNEDO（新エネルギー・産業技術総合開発機構）から国立研究開発法人（国が研究開発事業を行う機関）に行き、ここがGXのための官民プロジェクトにカネを出していく。

このカネを実際に使うのは企業および大学・研究機関である。そのテーマはGXのための研究開発である。そのスタートアップ（政府は「走り出し」という意味で使っている）がChapter3で述べる「オープン・プラットフォーム」（皆で使う技術）という社会インフラの開発である。

ここで政府は「過去に例のない2兆円の基金」とアピールするとともに、「官民で野心的かつ具体的な目標を共有した上で、今後10年間、技術開発から実証・社会実装まで継続して支援」としている。つまりGXの長期的なプロジェクトには、カネをまだまだ出す。

さらに、「成果最大化のため、企業の経営者に経営課題として取り組むことへの強いコミットメントを求め、幅広いステークホルダーを交えて、継続的に取組状況等を確認」としている。経営者がステークホルダー（株主など企業の利害関係者）の了承を取った上で

「GXをやる」と強く宣言すれば（コミットメント＝約束すれば）、国はこれをカネの面で応援する。

カーボンをカネにする――「カーボン・プライシング」とは？

国がカーボン・ニュートラルに対して打つ手の第一は規制である。つまりカーボンの削減を法によって求めるものである。

この規制に関してはかなり以前から「カーボン・プライシング」というものが考えられている。

カーボン・プライシングとはカーボンに価格を付け、企業にカーボンを削減するためのインセンティブ（削減しようという気持ちにさせる）を与えるというものである。

具体的には、以下の二つの方法が考えられている。

一つはネガティブ・プランといえる「炭素税」である。カーボンを生むエネルギーの利用に関し、そのカーボン量に応じた税金を取るもの（一定以上削減しないと税金を取る）である。カーボンに価格を付け、これに一定の税率をかけてカネを徴収するという発想だ。

企業から見ればカーボンを削減すれば節税というコストダウンを生む。ＥＵではほとんどの国がこれを実行している。無論アメリカではやっていない。

もう一つはポジティブ・プランといえる「排出量取引」である。これがカーボン・プライシングの本線である。

具体的には、官が企業ごとにカーボン排出量の上限を決め、「上限を超過してしまった企業」と「上限よりもさらに削減した企業」との間で「排出量」という価値を「カネ」で取引するというものである。

この排出量をカネで表すことをカーボン・プライシングという。

排出規制を楽々クリアした企業も、さらなる削減をすればカネになる。これはカーボン・プライシングによる「キャップ（限度）＆トレード（取引）制度」と呼ばれている。

つまり、「カーボン削減」を価格が付いた「商品」に変えるというものであり、これを企業間で取引できるようにするものである。

ＥＵでは２００５年から域内全体でこれを実施している。中国は２０２１年から全国で実施し、アメリカでもカリフォルニア州などのごく一部で行われている。

石原慎太郎による「先進的な実験」で判明したこと

実は日本では2010年という早い時期に、東京都が独自のカーボン・プライシングを導入した。これを実施したのは豪腕都知事として名を馳せた故石原慎太郎である。

意外に知られていないが、石原は国会議員時代は環境族（環境行政のプロ）であった。最初の入閣は環境庁長官であり、都知事になってすぐの記者会見で、すすの入った黒いペットボトルを見せてのパフォーマンスは注目された。環境問題に興味を示さないマスコミへのいらだちであったのだが、マスコミはそのパフォーマンスを伝えただけで終わってしまった。

ただ、この時のカーボン・プライシングは、削減目標をビルや工場に対して設定し、どうしても守れないなら「カネで決着をつけろ」というものであった。つまり「取引」よりも「削減」が基本で、そのカーボン削減目標も6％というローレベルであった。実際にはほとんどの企業が達成してしまい、カーボン・プライシングによる「取引」はなかった。

ただ、石原が証明したのは、官が本気になれば、企業利益を下げることになってもカーボン削減は実現するということである。

「カーボン削減を売る」――カーボン・クレジット

このカーボン・プライシング（カーボン排出量をカネで表す）、キャップ&トレード（企業間でこれを取引する）にはいくつかの課題がある。

一つは誰がどうやって排出量をカネにするかである。これには一定のルールが必要であるが、まさか企業間で見積り、交渉というわけにはいかない。そうなると言い出した国がこのルールを作るしかない。

しかも買いたい量と売りたい量が一致するとは限らない。これについてはカーボン・クレジットというものが考えられた。

ここでは会社の「株」と同じ考え方を用いている。株主の権利（これが後で述べるガバナンス）は、小さく切って売買される。これが株である。会社が100株発行すれば、1株は100分の1の権利となる。

これを排出量に適用し、排出量を一定のサイズに切ってここに価格を付ける。これがクレジット（クレジットカードのクレジット。信用取引という意味）だ。このクレジットの最初の価格設定は国が行う。こうして排出量をカネに変える。つまりカーボン・プライシングのルールを国が作る。

日本では2013年からこのカーボン・クレジットをJ－クレジットという名前で実施している。

二つ目はトレード（取引）をどうするかである。一般的なビジネスでは、売り手が買い手を探すのだが、どうやって見つけたらよいかに悩む。そのためJ－クレジットの取引がなかなか進まない。それを国がサポートする。

この具体策も株と同じ方法、つまり証券市場を作ることである。売りたい企業、買いたい企業が集まる「カーボン・クレジット市場」を国が作る。

その上で取引をこの市場がサポートすればよい。

このサポートにも証券市場の株と同じ方法を取る。証券市場へ上場する会社は、まずは自社の株を証券市場（証券会社）へ売ることで、すぐにカネを得る。つまり買い手を探す必要はない。その上で、この証券市場内で株がやりとりされる。

カーボン・クレジットも国が市場を作り、市場が売り手からクレジットを買い取り、その後で株のように売買していけばよい。こうすることでカーボンを削減する企業が、これをすぐにカネに変えることができる。

つまり国が企業にカーボン削減のインセンティブ（削減すればカネになるからやろう）を与えるというものである。

日本では2022年9月、東京証券取引所という証券市場でこの実験に入った。つまり本格的なカーボン・クレジット市場を日本に作るという宣言である。無論買い手は世界中の企業である。

GXのストック投資のうち、各企業に共通して必要な部分は、社会インフラとして作る。これが日本国のGXへの基本的なスタンスである。

国はカーボン移転を許さない

このカーボン・プライシングには国としてやらなければならないことがある。それはカーボンの移転への対応である（カーボンリーケージという）。

グローバル・サプライチェーン化が進む中、最終品を作る大企業が、カーボンが発生する仕事を下請の中小企業に押し付けることが考えられる。日本における規制対象は主に大企業であり、「中小企業は例外」というのが普通である。これに対し国は「取引をしている大企業と中小企業を一つの大企業」として規制するとしている。つまりバリューチェーン（後述する）としてカーボン規制をする。

さらには、製造業が工場を規制がない中国、東南アジアなどのオフショア（海外）へ移転するという動きが生まれる可能性がある。２０００年代初頭に大騒ぎとなった、産業空洞化を再度招くリスクである。

同様の懸念はＥＵも持っている。ＥＵのメーカーが規制の緩いアメリカ、中国に移転するという動きである。これを制限するため、カーボン・プライシングをグローバルで行うことをＥＵは提唱している。これが炭素国境調整措置（国際炭素税のようなもの）である。しかし、その導入には各国の承認が必要で、ハードルが高い。そこで、まずやろうとしているのが、「鉄鋼などの素材メーカー、電力などの分野について、ＥＵ域外からの輸入品を取り扱う事業者に対し、同じ物を製造した場合ＥＵで支払う炭素税分の負担を義務付ける」というものである（２０２３年から試行、２０２６年から本格実施）。

日本ではこれに対して「カーボンリーケージを阻止する観点から国連と連携して対応す

る」としている。要するに「規制逃れのオフショアはさせない」と警告をしている。

GX・グローバルリーダーに日本がなる

カーボン・プライシングにおいて最大のポイントは、細かい仕組よりもカーボン規制のレベルを上げる（上限とペナルティ）ことである。これをやらない限り何も前に進まない。炭素税、カーボン・プライシングという規制は企業から見ると負担となる（削減義務と税金）ため、レベルアップには強い反発が予想される。これに対して国は「負担の在り方にも考慮しつつ、プライシングと財源効果両面で投資の促進につながり、成長に資する制度設計ができるかどうか、専門的・技術的な議論を進める」と言っている。

ソフトに言ってはいるが、「しばらくしたら本格的にやるぞ。準備をしておかないと大変なことになるぞ」と予告と警鐘を鳴らしているのであろう（この予告は国がこれまでよく使ってきた手である）。

政府が発表したグリーン成長戦略には、「国際連携」という項目もある。ここには日本が

ＧＸのグローバルリーダーになっていくという、政府の強い意気込みが感じられる。

ここでは、カーボン・ニュートラル嫌いな同盟国アメリカに配慮しつつも、ＥＵに対して「日ＥＵ間連携の強化」として「日ＥＵグリーン・アライアンスによるＣＯＰ26の成功」をその結言としている。

ＣＯＰはカーボン・ニュートラルの目標合意の場である。日本とＥＵがリーダーとなって世界のＧＸ／カーボン・ニュートラルをやろうという意気込みが感じられる。

他にも、「アジア等新興国のエネルギー・トランジション（移行）を支援する」ことをうたい、「アジア・エネルギー・トランジション・イニシアティブ（ＡＥＴＩ）」を設立し、日本らしく「１００億ドル（１兆数千億円）のカネを提供する」としている。

そして最後に、「ＷＴＯにおける議論を主導する」とある。国連ではなくＷＴＯという「国際間のビジネスルールを決める所」にしたのも日本らしい。戦勝国が作った国連ではリーダーにはなれないが、ビジネスルール作りのＷＴＯなら、日本がＧＸリーダーとなれるという意欲であろう。


いずれにしても日本は、世界のＧＸリーダーとして名乗りを上げ、そのためのカネも惜しまずというスタンスを見せている。そして企業にも「GXを一緒にやろう」と呼びかけている。

Section

6

国の本気と国の本音——新しい資本主義とGX

「公益重視会社」という国の願い

2021年10月に誕生した岸田内閣は、このグリーン成長戦略のための「カネの戦略」に着手した。

まず、2022年度に入って政府がプレスリリースを行ったのが、「公益重視会社」という新しい企業スタイルの導入である。

この会社の定義は「環境問題や貧困など社会的な課題解決を事業目的とする会社」となっている。つまり「社会利益を目指す会社」である。これは「こういうタイプの会社を作ってほしい」という政府の願いである。

こうした公益事業はこれまでは公益法人において行われてきたが、それを株式会社に代表される一般の会社のスタイルで実現する、というものだ。政府は「株式会社とNGOなどのすき間を埋める新しい制度とする」としている。

GXによって求められるのは、公益事業といってもビジネスなのだから「カネを使うこと」だけではなく、「カネを生み出すこと」も大切である。また、その事業規模は単にエコグッズや省エネグッズを販売するといったものではなく、社会のインフラを変えるほどのものであるから、その規模も極めて大きい。失礼ながら、そうした事業を行うことができるような人材は、公益法人よりも一般企業にこそいるはずだ。

ただ、株式会社スタイルでは利益との関係が難しい。株主から「儲からないことはやるな」という圧力があるからだ。それなら株主も了解した上で「公益事業を行う会社」を作ればよい。その方法の一つがこの「公益重視会社」である。

政府はこの公益重視会社を「定款などで社会貢献を担うと明示することで認定する」としている。この認定が得られることのメリットはもちろん、国からのカネに関する支援が受けられることである。

公益重視会社の認定を受けられるのは、新たに立ち上げる会社だけではない。既存の株式会社でも、株主総会で定款を変えることで（株主の了承を得て）公益重視会社になることができる。それが難しければ、子会社として公益重視会社を作って、そこで事業を行えばいい。

つまり、「民間の株式会社においても採算ばかりを考えず、GXという日本国が願う社会課題解決にチャレンジしてほしい」「チャレンジしやすいように法律を変える。お金も出す」という国からのメッセージである。

これが岸田氏が総裁選挙において、そのキャッチフレーズにした「新しい資本主義」のイメージである（マスコミはあまり注目しなかったが）。

旧来の資本主義においては、企業が利益を求めるあまり、社会にとって不利益なこと（環境悪化）が起こってしまった。そのソリューションを資本主義というイデオロギーを変えることで実現しようというのがこの「新しい資本主義」であり、GXという官民一体事業の基本理念である。

GXはストックビジネスでスタート

GXを進めていくには「官民一体」になることが必要だと何度か述べてきた。

ただし、これまでやってきた官民一体スタイル、すなわち「国がカネを出して、仕事を企業に発注し、企業はその仕事を任されてやる」というスタイル（企業から見ればフロービジネススタイル）ではムリがある。

GXのような社会的な事業は、ストックビジネスからスタートしなくてはならない。

フロービジネスとは、顧客から注文が来たら、原価を見積り、これに利益を乗せて価格を提示し、発注者と受注者の間で価格折衝をして、合意すれば仕事をやるというものである。

一方、ストックビジネスとは、最初に企業が自らの意思でカネを使って（投資と表現する）、ストックを作り、このストックを使って事業を行っていくものだ。わかりやすい例を挙げれば、ディズニーランドのようなアミューズメントパークがそれにあたる。施設を作り、収入（入場料）を得て、それで投資を回収し、それ以降の収入が利益となる。

フロービジネスの場合、多くはこれまでもやったことのある仕事であり、普通にやれば利益が出る。ただし、注文がない限り企業は仕事を始めることができない。

一方、ストックビジネスは、多くの場合は今までやったことのないものを手がけることになる。そのためこのストックを使ってやる事業を顧客が受け入れてくれるかはわからないので、回収リスクは大きい。

新しい事業をやる時にはストックビジネスからスタートしなくてはならない。それはその事業を開発するための投資が最初に必要だからである。新たなメーカーを立ち上げるなら「製品を作る工場」というストックを作らなければならない。GXという新しい事業もまずはストックへの投資が必要である。その第一歩はGXのための技術開発である。

日本の高度経済成長を支えたのがまさにこのストックビジネスであった。銀行が国民から預金を集めてカネを準備し、企業にこれを貸し付けて多くのストック（技術、工場、建物など）を作り、それを利用してビジネスを展開してきた。

その借金の担保となったのが土地で、当時は人口増加で土地の価格が上がっていったため、借りることのできるカネの量がどんどん大きくなり、企業の成長を支えた。しかし、バブル崩壊で地価が暴落し、土地神話（土地の値段は下がらない）が崩れると、銀行は「貸し渋り」を行うようになる。

ここで上場企業が銀行ではなく証券市場からカネを調達しようとしても、こんな時に新たに発行する株を買ってくれる人などいない。それだけではなく、多くの株主はごく少数の「プロの投資家」(ファンドという) へと自らが持っている株を売ってしまう。素人《しろうと》は株が下がれば売るが、プロは下がったら買うからである。

こうなるとどうしても株主の発言権が強くなる。そしてこのプロの投資家は、「カネを使うよりもカネを稼いで株価を上げろ」と経営者へ言う。その結果、上場大企業はカネを使わなければならないストックビジネスから、カネを稼ぐフロービジネスへと雪崩《なだれ》を打ってシフトさせていく。

しかし、このフロービジネスで稼いだカネをストックビジネスへと使うことができない。カネを使えば利益が落ちて株主が怒るからである。

見方を変えれば、株主さえ「うん」と言ってくれれば、GXというストックビジネスへと向かうことができる。そして、そのための手段の一つが先ほどの公益重視会社なのだが、現実論として株主総会で定款を変える(株主の3分の2以上の賛成が必要) のは難しい。そこで考えられたのが次に述べるESGである。

GXにストックビジネスが求められる理由はもう一つある。

前述したように、フロービジネスとは「これまでやったことのある仕事」が大半だ。そこには働く人たちの夢（新しい仕事をやりたい、自分たちの能力を生かしたい、新製品で一発当てたい……）はなく、顧客の言うとおりに、顧客の求めることを期限までにやることが求められる。

こうなると、働く人の元気がなくなってくる。ここに刺激を与えるのがGXというストックビジネスである。ストックビジネスなら顧客の言うとおり仕事をやるのではなく、働く人がやりたい仕事ができる。

「ESG」という新しい発想

では、どこからストックビジネスを行うカネを調達すればいいのか。

バブル崩壊後にはっきりしてきたのは、企業、特に上場大企業にカネがどんどんたまっていくことである。フロービジネスは顧客からもらったカネだけで仕事をする。仕事が終わって残ったカネ（利益）は使い道がなく、現金として企業の中にたまっていく。

ただ、経営者は株主の意向なしでこのカネを使うことはできない。特にストックビジネスへの投資のような大きなカネは彼らの了承が必要である。

経営者はこういった投資を株主に了承してもらうためには、長期経営計画（期間は10年程度）や中期経営計画（3～5年程度）と呼ばれるものを作成しなくてはならない。ここに「何に投資するのか」「その投資によってどれくらいのリターンがあるのか」を書き、これによって株主にその投資の了承を得る。ただ、利益を考えるとGXのように先行きが不透明な（リターンがよく見えない）大型投資をそこに書くのは難しい。

ここで出てきたのが「ESG」という発想である。後で詳しく述べるが、Eは環境、Sは社会、Gはガバナンス（株主の権利のこと）の略だ。ESGとは環境（E）、社会利益（S）のためにカネを使うことを株主が認める（G）ことである。

しかし、このESGを認めた株主がその企業の利益（株主の取り分）を求めないのかと言えば、そんなことはない。だから経営者としては、ESGというキーワードがあっても、株主たちは利益の上昇、それによる株価の上昇を求めていると感じてしまう。そして、利益がよく見えない（＝投資の回収が見えない）環境ビジネスというストックビジネスに、どうしても踏み出せない。「環境」を考えている顧客を見つけて、注文をもらうというフロービジネスしか経営計画には書けない。

こういう時に企業を社会利益のために動けるようにするのが国である。では、どういう手を打ったのか。簡単に言えば国がその株主になり、「GXに投資しろ」とはっきり言うことである。まさに官民一体である。

これについてはこれからゆっくりと説明していく。

GXの立ち上げには官民で150兆円必要

2022年6月、岸田内閣は自らの考える「新しい資本主義」の実行計画を閣議決定した。日本でこういう時は、政治がカネの使い道を示して、その政策（実行戦略）に対する国民の理解を求める。そしてこれが国会で議論され、予算として決定する。GXについては誰も反対する人はおらず、議論は財源（そのカネをどうやって集めるか）だけである。

岸田首相の示した2023年度国家予算（カネの使い道）の柱は四つある。

そのうちの一つが防衛費であり、もう一つが感染症対策であった。マスコミはこればかりを取り上げていたが、実は予算の第一に上げられていたのは、「GX・スタートアップ」というタイトルのものだった。

GXの事業を立ち上げ、これを革新的なビジネスモデルで進める企業を、国のカネで支援するということだ。対象はいわゆるスタートアップ企業（創業したばかりで成長が期待される企業）だけではなく、むしろ本命はGXを戦略としたい上場大企業への後押しである。

ここでは「10年間で官民合わせて150兆円のGX投資」を前面に出している。さらには、GXのスタートアップ企業には、その事業のための借金に個人保証を不要とする（これは銀行が決めることだが）としている。つまり国が保証するから銀行にもGXのカネを「どんどん貸し出せ」と指示している。

国はその財源として「民間投資の呼び水としてGX経済移行債（略してGX債と呼んでいる）を発行する」としている。要するに国が借金してこのカネを企業に投げ、それをきっかけ（呼び水）として企業が投資しやすい環境を作るというものである（詳しくはChapter2で解説する）。

予算の四つ目の柱は「人への投資」（人的資本と呼んでいる）である。ここでは「働く人の給与と能力を上げてほしい」が国の願いであり、そのためのカネの支援を行うとしている。後者の「能力」については、国は少し前からリスキリングをキャッチフレーズとして使っている。ここではこのリスキリング支援の対象をDXからGXへと移している。

GXという新しい仕事には新しいスキルが必要だが、それを新しい人材だけで賄うのは不可能である。つまり今、別の仕事をしている人に、新しいスキルを身につけてもらって（リスキリング）仕事を変えるしかない。そのGXのリスキリングのために、国もカネを支援する。

着々とGXを進めようとしている国

日本での国家予算に関する議論が防衛費や感染症対策にばかり偏っているのは、野党としてもGXには反対のしようがなく、議論にならないからだろう。その結果、マスコミの反応も鈍い。

しかし、国はGXに関する行動を着々と起こしている。

政府はGXに関するニュースを広報としてプッシュしている。そのプッシュ内容をさらっと追ってみる。

2022年7月、国はGX実行会議を立ち上げたのだが、ここで岸田首相は原子力発電所の再稼働について具体策をまとめるように指示した。カーボン・ニュートラルにはカーボンが発生しない原発が必要という判断である。これはなかなか大胆な意思決定である。

その上でGX投資の「10年間150兆円」の工程表を年内に作るように指示した。ここでの方針は「まずは国が長期プロジェクトに対して20兆円（！）規模を先行して支援し、企業が参画をためらわないような環境を作る」としている。「国がカネを思い切って出すのだから、企業もカネをもらうだけではなく、カネを持って集まれ」という掛け声である。

8月にはその150兆円のGX投資を移行期に集中的に行うことを表明。つまり、10年間のうち早い時期の投資を促すものである。これはGXにはストック投資が最初に必要なためである。

10月にはカーボン・ニュートラル分野の大学研究に1000億円規模の基金を新設すると発表した。

11月にはGX債の財源として考えられる炭素税の導入を先送りとするが、カーボン・プライシングは導入すると発表。つまりGX債の財源としては規制を超えた企業が払うペナルティ（賦課金）で対応する。

12月には2023年度予算のGX債を1・6兆円に決定。これまでの小出しのニュースリリースをとりまとめ、「GX実現に向けた基本方針」として発表した。

岸田首相の本音とは？

これだけ見るとなんだか少し迫力がない感じであるが、岸田首相の気持ちはわかる。岸田首相の「本音」は、このようなことだろう。

・GXのカネは国もちゃんと用意するから、お金持ちの上場大企業も自らのカネをGXのストック投資へ向けてほしい。

・GX投資によって利益が仮に下がっても、その投資は続行してほしいし、働く人の給与はどんどん上げてほしい。特に「地球のために」と思ってGXを目指す若者に対しては、思い切って給与を上げてやってほしい。国から出すカネはその人の給与に充ててほしい。GXへの投資の第一歩は、そのための技術などのストックを作る若き開発者の給与がほとんどのはず。

・それを呼び水としてGX投資に「企業が今持っている、ダブついているカネ」も全部つぎ込んでほしい。GX投資のために出したカネは別の企業にも渡るはずであり、その企業で働く人の給与を上げ、日本国にとってはハッピーな循環となる。

企業から見れば、そのためにはソーシャルビジネスというモデルを導入するしかない。つまり「カネ儲けの企業」から「社会貢献のための企業」への変身である。

GX投資をすれば、カーボン・ニュートラルという地球の願いに応えるだけではなく、日本で働く人がやりたい仕事をやり、そのための能力を高め、それによって給与が上がるという社会利益の向上が図れる。つまり皆がハッピーとなる。

多くの企業が企業理念として掲げているのは、この「社会貢献」のはずである。それは企業で働く人の想いである。

「GXというソーシャルビジネスへのチャレンジ」は、国も、企業で働く人も、そして社会も求めていることである。つまりソーシャルニーズである。

企業は顧客ニーズの前にソーシャルニーズを大切にしてほしい。カネをもらう顧客よりも、自らが生む利益よりも、自らの仕事によって価値を与える社会を大切にしてほしい。企業を作った目的はそこにあったはずである（という企業も多いはずである）。

そこが、GXのスタートとなる。

Chapter 2

GXという
ソーシャルビジネス

——地球は官民一体で救う——

Section

[1] 日本的ソーシャルビジネスの前身「公共事業」

公共事業に「ソーシャルビジネス」のヒントがある

Chapter1では、GXとはそもそも何か、国がそのGXをどのように進めようとしているかを見てきた。

しかし、企業がGXを進めていくには、これまでのように利益を目指すビジネススタイルでは難しい。社会のためにビジネスを進めるというスタイルへの変革が求められる。それがソーシャルビジネスである。

本章ではまず「ソーシャルビジネスとは何か」を説明し、そこでの最大の課題である「そのためのカネをどうするか」というテーマに焦点を当てて考えてみたい。

「官民一体となったソーシャルビジネス」というと新しい概念と思うかもしれないが、日本には以前から似たような形のものが存在してきた。それが公共事業である。

まずは、この公共事業について振り返ってみたい。そこにGX・ソーシャルビジネスを進めるヒントを見つけてみよう。

ソーシャルビジネスと公共事業の違い

官の行う仕事は、大きく二つある。一つは、公平化のために富の再分配を行うこと。すなわち、カネを持っている人、稼いだ人からその一部を税金として集めて、これをカネのない人の収入としたり、弱者の支出を一部負担するというものである。

そしてもう一つが、「社会インフラ構築」である。社会として必要なストック、皆が幸せとなるストックを税金などのソーシャルマネー（社会が持っているカネ）で作っていくというものだ。ここから公共事業というものが生まれる。

一方、ソーシャルビジネスとは、民間企業が官の支援を受け、自らの持つカネを投資して事業を進めていくものを指す。

ＧＸを進めるためにはカーボン吸収技術、空気技術などソフトな社会インフラの整備が不可欠だ。そしてそのためのカネを公共事業のようにすべて国が出すことはできない。民間企業のカネが必要となる。つまり公共事業からソーシャルビジネスへの変身が求められる。

そして、そこで生まれた新しい技術により、新しいビジネスも生まれていく。かつて機械・エネルギー技術が誕生したことにより産業革命が起こり、ＩＴ（情報技術）が誕生したことによりインターネット革命が起こった。それと同じである。誰かがこのＧＸ技術という社会インフラを作れば、ＧＸが一気に進むことになる。

「公共事業」はそう簡単ではない

当初は官が手がけるべき社会インフラは企業がやれないものや、儲けを求めている企業がやると社会にとって不幸（品質を落としてでも安く作ろうとする）なものに限られていた。道路、橋、ダムといったものである。これはストックビジネスといってもそのストックからの収入がないため、投資したカネの回収という概念が存在しない。これは公共事業

（カネを得る）ではなく公共工事（カネを使う）である。

そのため官から見れば、税金収入など今年度の手持ちのカネで、やれる範囲の中で優先度を付けてやっていくことになる。

しかし、これでは社会インフラ構築はなかなか進まない。そこで、国債や地方債などを発行して、つまり国や地方自治体が借金をして社会インフラを作り、そのインフラ使用を有料にし、このカネで返済していけばよいと考える。これは公共工事ではなく、投資の回収を目指す「公共事業」である。

しかし、借金である以上、返済金利を超える事業利益率を上げなければ、返済することはできない。苦しくなったら利用料を上げるしかないが、上げてしまうと利用量は減り、かえって収入が減ってしまうかもしれない。

しかも、利益が上がらなくても、社会インフラ事業からの撤退は許されない。さらにはメンテナンスコストもかかる。

そもそも、最初から儲かるとわかっているなら、民間企業がやっている。つまり、社会インフラ構築とは、普通の企業なら回収のリスクから手を出そうとしない事業を、国が行うということでもある。

回収が進まないと借金を返すために、さらなる国債、地方債を発行するしかない。いわゆる自転車操業である。こうして、ご存じのとおり日本は借金大国となってしまった。

ここまで書けばわかるとおり、どう考えてもこの公共事業は、ビジネスの素人である役人が簡単にできるようなものではない。

こうした中で日本は、この公共事業の「官から民へ」を進めていく。

GXは借金だけではリスクが大きすぎる

官のやる公共事業が「稼げる」「回収できる」ためには二つの条件がある。一つはその事業に競争が起こらないこと、つまり、ライバルがいない独占だ。もう一つは国民が生活していく上でどうしても使わざるを得ない社会インフラとなっていることである。この二つを満たせば、苦しくなったら使用料金を上げることができ、かつ使用量は減らない。

この二つを満たせず大赤字となってしまったのが国鉄（日本国有鉄道。JRの前身）である。国鉄は「独占」できず、国は私鉄も認めてしまった。

1980年代、国鉄は30兆円を超える天文学的な借金にあえいでいた。国鉄は社会インフラであるため、平等に日本の隅々まで行き渡らせることが求められ、かつ料金もユニバーサル・プライス（全国同じ料金）で、採算が合わない路線も続けなくてはならなかった。

一方、ライバルである私鉄は儲かる路線だけをターゲットにして、国鉄を下回る価格で同等のサービスを提供していけばよい。さらに私鉄を支えていたのは、当時の国鉄にはできなかったプライベートビジネス（企業利益を求める事業）とのシナジー（相乗効果）である。鉄道の駅のために土地を買って、そこに百貨店などの商業施設を作り、その周りに住宅を建て、駅から住宅へ自社バスを走らせ、それによって鉄道を使う人が増え……というシナジーである。こうしてほとんどの私鉄企業は巨大コングロマリット（多角化した企業）になっていく。しかし国鉄は公共事業しかできないルールとなっていた。

こうした私鉄との「競争」により、国鉄はますます窮地に陥ることになるが、これを変革したのが1987年に行われた「国鉄分割民営化」である。

この問題を解決すべく、当時の中曽根内閣は極めて大胆な施策を実行する。まず国鉄の借金のほとんどを国鉄清算事業団という官へ移してしまう。その上で身軽になった国鉄を「JR」という民間会社（何をやってもよい）として、六つの地域会社と貨物会社に分ける。これで儲かっている地域のJRは赤字路線のハンデを負わずに私鉄と戦える。儲かっていない地域のＪＲもライバルがいないので、価格を上げるなどして自力で立ち直ることができる。

借金はなくすのに、国鉄が持っていた財産はすべてＪＲ各社が引き継ぐ。こうなると財産価値の高い土地（鉄道を通したので地価は買った時より上がっている）をはじめとして、財産をたくさん持っている超優良企業へと変身する。

そしてこの会社を民営化、つまり株式会社とし、まずは国が１００％株主となる。民間企業なので持っている土地などを使ってさまざまなプライベートビジネスもできる。

旧国鉄の中でのキラーストック（私鉄には絶対できない）は新幹線である。このストックを持ち、収益の拡大が期待される４社（ＪＲ東日本、東海、西日本、九州）を上場させ、ここで得たカネでさらに新幹線を延長させることもできる。上場する時には政府が持っている株を細かく分割し、証券市場で国民に売る（放出と表現）。このカネは国に入り、借金の返済にあてることができる（といってもまだ半分しか返していないが）。

東京―大阪間の新幹線というドル箱を持つＪＲ東海、首都圏という土地の高い所に駅を持ちこれをベースにＳｕｉｃａの発行をして小売・サービス業へと多角化するＪＲ東日本が驚くほどの業績を上げていく。まあ過去の負の遺産（ストック投資のための借金）を棒引きにしてもらっており、当然ではあるが。そして新幹線事業は、南は九州鹿児島へ、北は北海道へと延びていく。

このJRがソーシャルビジネスという新しいビジネスモデルのスタートラインとなる。

日本はここで三つのことを学習する。

一つは官がやっている公共事業を民営化すると、つまりソーシャルビジネスでやると国、企業ともにハッピーということである。こうして「官から民へ」が加速する。

二つ目は社会としてのストックビジネスを「借金」だけでやるのは危険ということである。このストック投資には「返さないカネ（企業が持っているカネ、株主からの出資金）」が求められる。GXビジネスで注目されるのはこの「返さなくてよいカネ」である。そしてGX債という国の借金は、そのカネを出させるための呼び水である。

三つ目はソーシャルビジネスはそれだけでは儲からないかもしれないが、これがさまざまなプライベートビジネスを生むことである。

こうして、GXを進めていくにはこのソーシャルビジネスしかないことに国が気づく。

アメリカから押し付けられた「官から民へ」

「官から民へ」の次のターゲットは、電話事業を手がけていた電電公社の民営化である。

当時の電話事業は1社独占で、料金改定を自由にでき、かつ国民生活に不可欠であった。つまり先ほど挙げた公共事業の「儲かるための2条件」を満たしている。そのため電電公社の事業は国鉄と違い、十分採算が取れていた。

しかし、独占で自由競争がないためにネットワーク技術が進歩せず、その上、日本の電話料金は諸外国に比べ高止まりし、そのサービスレベルは低かった。

そんな中、1981年にアメリカの大統領に就任したレーガンは、このレベルの低い日本の通信サービスに目を付けた。この「独占」をやめさせて自由競争とし、アメリカ企業との戦いを求めたのである。

この外圧により日本は、電電公社の民営化とネットワーク事業への民間企業の参入を許可することとなった。いわゆる通信解放である。1985年、電電公社は民営化され、NTTとして再出発することとなる。

ちなみにこの時、日本と同様に公共事業としてネットワーク事業を進めていたEU各国は、このアメリカからの要求に抵抗した。今思えば、日本国のネットワーク事業において、電電公社と民間企業がタッグを組んで官民一体でアメリカと戦っていれば、今のようにGAFAの独占とはならなかったように思う。

「社会のために」ネットワーク事業に参入した稲盛和夫

新たに解放されたネットワーク事業には複数の異業種企業が参入したが、最終的には二つの創業者型企業が残った。京セラ（auというブランドを持つ）と、後からファンド（カネを出して企業を買収）として参加したソフトバンクである。

京セラは故稲盛和夫が一代で築き上げたコングロマリット企業（多角化企業）である。稲盛はこのネットワーク事業参入時、マスコミへ次のようなことを語っていた。

「国が社会のためにやろうと言っている。本来なら財界が一つになってやることを期待したが、誰も手を挙げない。それなら私が名乗りを上げようという正義感がうずき出した。ただ今度ばかりはリスクが桁違いに大きいので京セラが吹っ飛んでしまうかもしれない。

それでもやると決めたので京セラの持つ手持ち資金1500億円のうち1000億円を使いたい。これを呼び水としてほしい」

まさに今、国がGX遂行のために期待している「企業が持っているカネで、企業の意思でソーシャルビジネスをやる」というものである。

そして稲盛の言葉は、企業としての品格（正義感と表現している）を感じさせる。これが後述するインテグリティであり、ソーシャルビジネスをやる企業に求められるものである。

稲盛はその後、国からの依頼で経営破綻したJALを再生した。利益争いの中で苦境に陥ってしまったJALを、品格のある社会貢献型企業とすることで立ち直らせた。稲盛が生きていたら、社会が望むGXというソーシャルビジネスへいち早く参入したのではないかと思う。

GXという社会貢献のための事業には、この品格（インテグリティ）を持った企業がリーダーとなって進める必要がある。このGXリーダーこそが後で述べる日立、トヨタである。

一方、ソフトバンクは、孫正義がやはり一代で築いたコングロマリット企業である。I

T業界出身の彼は、ネットワーク事業が自社ビジネスのシナジーとなると考えて参入したアメリカンな創業者である。通信解放からしばらくして生まれた携帯電話事業なら、事業として成り立つと思い後から乗り込んだ。

極論すれば、京セラは「社会のために」、ソフトバンクは「儲かりそうなので」ネットワーク事業に参入したということだ。

ドコモがGXのネットワークリーダーへ

それに対して、迎え撃つNTTは国が3分の1以上の株を持つ半官半民企業であり、「社会のため」（国がコントロール）と「儲ける」（NTTが考える）という二面性を持っていた。

NTTは利益が見込めるようになってきた携帯電話事業の100％子会社ドコモを、子会社のまま上場させ、ライバルと戦うためのカネを得る。これによって国のドコモ株の持分比率が下がり、「社会のため」から逃れ、他社と対等に戦うことができる。

その上でNTTを持株会社、東日本、西日本、コミュニケーションズの四つに分割した。

こうすることで、NTT持株会社の下に、ドコモを含めグループ企業が結集することとなった。

しかし、ドコモは他の携帯電話会社とは違いグループとして持つレガシー資産の固定電話の赤字をカバーしなくてはならず、苦戦する。本来なら先行強者であり一人勝ちを狙ってもおかしくないNTTグループがその力を発揮できない中、携帯電話市場では競争があまり生まれず、携帯料金が高止まりし（携帯料金が高止まりしたほうが、各社にとっては有利となる）、かつ次世代技術の5Gへの進化も遅れてしまう。その結果、海外とのインフラの差が開く一方になってしまう。まさにガラパゴス化である。

しかし、国がいくら言っても、ドコモは民間企業なので言うことを聞かない。

そこで政府は2020年、荒業《あらわざ》に出る。NTTドコモの上場を廃止し、NTT（半官半民）の完全子会社とした。これにより、再び国がドコモへのコントロール（社会のため）を取り戻すこととなった。

GXにはネットワークが必要である。民間企業のカーボン量というデータをつながないと、社会全体の量がわからないからである。NTTドコモは半官半民のネットワークベンダーとなり、これによってGX・ソーシャルビジネスを支えるリーダーの1人となる。

この事例は民がやるソーシャルビジネスの難しさを教えている。企業が株主に対して利益を約束している限り、どうしても目先の利益を優先し、社会利益の向上を優先するのは難しくなるということである。

ただ逆に言えば、社会（ドコモで言えば国）が株主になれば、社会利益のための仕事であっても株式会社で実行できる。これこそが日本が公共事業で学習したGX・ガバナンスモデル（企業と株主の関係）である（具体的には後述する）。

東電原発事故が突き付ける「ソーシャルビジネスのリスク」

さらに大災害がこの公共事業に深刻な難題を投げかける。その災害とは、2011年3月11日の東日本大震災の中で起きた東京電力の原発事故である。

マスコミからは東電のリスクマネジメントの甘さが指摘された。そして「利益だけを追求している企業に社会インフラ、社会事業を任せて大丈夫か」という声が出てくる。

電力ビジネスは前述の「公共事業の儲かる2条件」を満たした（競争がなく、社会に必要不可欠）超優良ビジネスのはずである。

しかし、実はこの事故が起きるまで、東京電力はほぼ完全な民間上場企業であったにもかかわらず、電気料金は独占企業のために規制を受けていた。総括原価方式と呼ばれるもので、「原価＋事業継続に必要な利益」という形で法律の制約を受けていた。

つまり価格を勝手に決められず、国のお許しが必要であった。半官半民の公共事業である。ここに、電気代を抑えることで有権者の支持を得たい政治家の思惑が加わる。

さらには、エネルギーを海外に依存したくない国の意思により、原子力発電所への投資というリスキーなチャレンジも強いられていた。純粋民間会社なら絶対に手を出さないものを、国の意思でやらざるを得ない公共事業のつらさである。

こうして電力会社は「儲けることが難しい企業」となってしまう。

しかし、上場企業であるがゆえに、なんらかのアクシデントで瞬間的にでも利益を落とせば経営者はクビになるリスクがある。電気料金が値上げできない中で利益を確保するには、コストダウンしかない。「安全」と「コスト」はトレードオフと言える。すなわちコストを重視すればリスクは高まってしまう。そして事故は起きた。

この事故の結果、東京電力は原賠機構という官の子会社となり、経営者は全員クビとなった。

ここでは、公共事業の難題が目に見える形で表れてしまった。それは「公共事業遂行の責任者は誰か」「国のコントロール下にあったとしても、最終の結果責任は民のほうが負うのか」ということである。民から見れば、これから考えるソーシャルビジネスの最大のリスクである。

ＧＸにおけるリスクは官民一体で負うしかない。というよりも、ＧＸを進める民のリスクは官がカバーするしかない。これについては後述する。

もう一つの課題「儲かりそうになってから参入すればいい」

東電のケースは、ソーシャルビジネスにおけるもう一つの課題を突き付けることになった。「リスクを避けて、おいしいところだけ参入すればいい」という戦略を社会に見せてしまったことである。これもＧＸを進める時の障害となる。

誰かがやるのを待ち、儲かりそうなら儲かるものだけに参入するという、民間企業なら「普通に」考える戦略である。前述した私鉄やソフトバンクでも見られたものである。

東電の事故を受け、「発送電分離」という公共事業の切り出しが行われることとなった。

発電という社会のためのストックビジネスは公共事業にして、送電というフロービジネスはプライベートビジネスとして切り分ける。そして、後者には競争原理で価格を下げるべく新規参入を認めた。

この事業に多数の企業が参入したことは、ご存じのとおりだ。特にこの時参入した東京ガスは、東京電力の最大の顧客でもあった。ここでは「大量に電気を買い（電気料金はボリューム・ディスカウントがある）、自らで使った残りを再販する」というビジネスモデルが使われた。この再販部分は、ボリューム・ディスカウント価格に利益を乗せても一般家庭の電気料金よりも安くできる。これにより東京ガスはノーリスクで大きな利益を得る。

一方、ストックビジネスの回収を抱える東電のプライベートビジネスはますます苦しくなってくる。

これでは「リスクを負ってストックビジネスを立ち上げるより、他社の成り行きを見て、儲かりそうならプライベートビジネスだけに参入すればよい」という流れを加速することになりかねない。

GXを国として進めるには、ソーシャルビジネスは無論のこと、プライベートビジネスにおいても各企業が競争ではなく、協創（一緒にやる）というスタイルが求められる。

ＧＸにおいては企業の「競争すれば幸せがある」という資本主義を変え、「皆で社会の幸せのために協創しよう。そしてそのリスクも皆で共有しよう」という新しい資本主義が求められる。そして、この新しい資本主義のもとでの新しいビジネスモデルが必要である。これが国からの提案であり、ソーシャルビジネスの原点である。

Section

2

海外からのソーシャルビジネスの提案

日本はＧＸのためのソーシャルビジネスというモデルを模索していく。そしてこの提案が海外からなされる。

ポーターの「ＣＳＶ」ではＧＸはできない

「ビジネスによる社会貢献」というとしばしば言及されるのが、２０１１年、競争マーケティングの大家ポーターが提唱した「ＣＳＶ」という概念だ。ただ、これはソーシャルビジネスというモデルではない。

ＣＳＶ（Creating Shared Value）は「共有価値（または共通価値）の創造」と訳されているが、「企業が行う利益活動と社会利益の創出は両立する」という仮説である。それが、アメリカで忘れ去られた頃に、日本で注目を集めることになる。

しかし、ポーターのこの「ＣＳＶ」には一つの問題がある。企業の利益活動と社会利益の創出が両立しなかった時にどうするか、という答えを提示していないことだ。

つまり、社会利益を創出するためのビジネスを行うにあたって、自社の企業利益が見えない、あるいは利益が上がらない時にどうするかである。ポーターの主張は「企業の株主は自らの投資に対して利益を求める」というパラダイムから脱し切れておらず、このシーンを避けているように感じる。

ＣＳＶを取り入れたグローバル企業として有名なネスレは、当時の日本のＷｅｂサイトで〝共通価値の創造〟と題して次のように書いている。

「企業が長期的に成功をおさめ、株主にとって価値を創造するためには、社会にとっても価値のあるものを創造しなければならない」

これを読む限り、目的は「企業の長期的成功による株主価値の創造＝企業利益の増大」であり、その手段が「社会にとって価値のあるものを創造する＝社会利益の増大」というものである。企業利益を出発点とするＣＳＶは、社会利益を出発点としたＧＸとは相容れないものだと思う。

ユヌスさんが考えた理想のソーシャルビジネス

このような中、バングラデシュ人のムハマド・ユヌスという経済学者が、著書の中で「ソーシャルビジネス」というキーワードを使い、注目を集める。

彼はそこで次のようなことを述べている。

「人間はカネ儲けのロボットではない。人間の幸福にはカネ儲けだけではなく、さまざまな要素がある。人間は利己的な面（自分の幸福だけを願う）だけではなく、利他的な面（他人の幸福を願う）を併せ持っている。

当然のように人間の行うビジネスも二つのタイプのものがある。一つは個人的な利益を追求するビジネスである。もう一つは他者の利益に専念するビジネスである。これをソーシャルビジネスという。

ソーシャルビジネスは他者の幸福のために役に立つという喜び以外、企業にはなんの報酬もない。ソーシャルビジネスの投資家の目的は金銭的な利益を得ずに他者に手を貸すことだ。しかしビジネスには継続性が求められる。だから経費を穴埋めするだけの収益を生み、かつ不測の事態に備えるカネも必要となる。ソーシャルビジネスを遂行するのは社会的幸福の実現のみに専念する〝損失なし、配当なし〟の企業である」

ユヌスの考えたソーシャルビジネスで注目されたのは「株主への配当がない」という点である。

この配当は、企業利益の一部が株主に渡るものである。だから「企業は株主のために利益を目指す」というのが、これまでの企業パラダイムである。

しかし、上場企業の株主となる投資家のリターンは配当だけではない。というより、配当など期待している投資家は少ない（配当では投資を回収できない）。投資家の主要リターンは株価の上昇による儲けである。

配当は利益を原資として出されるものだが、彼らにとっては利益が上がらなくても「ソーシャルビジネス」という理由で株価が上がればよい。

ユヌス・ソーシャルビジネスの「七つの条件」

ユヌスの話に戻ろう。彼はこの考えに基づき、バングラデシュで主に貧しい女性を対象にカネを貸すグラミン銀行を設立する。

ユヌスはグラミン銀行に加え、グラミンファミリーと呼ばれるさまざまなソーシャルビジネスの企業体を生み出している。これらの活動が評価され、ユヌスはノーベル平和賞を受賞することとなる。

ユヌスは民間企業に対してソーシャルビジネスを提案したのだが、日本では国がこれに注目する。そしてこれが「ユヌス・ソーシャルビジネス」(本書で言うソーシャルビジネスとは違う。そのため頭に「ユヌス」と付けている)という名で輸入され、「ユヌス・ジャパン」という団体が設立された。

このユヌス・ジャパンのWebサイトでは「ユヌス・ソーシャルビジネスの7原則」というタイトルで、次の七つを挙げている。

1　ユヌス・ソーシャルビジネスの目的は、利益の最大化ではなく、貧困、教育、環境等の社会問題を解決すること。
2　経済的な持続可能性を実現すること。
3　投資家は投資額までは回収し、それを上回る配当は受けないこと。

4　投資の元本回収以降に生じた利益は、社員の福利厚生の充実やさらなるソーシャルビジネス、自社に再投資されること。
5　ジェンダーと環境へ配慮すること。
6　雇用する社員にとってよい労働環境を保つこと。
7　楽しみながら。

1はそのビジネス目的であり、2はビジネスの条件（つぶれないこと）、3と4は投資・回収に関わること（回収のリミット）、5から7（および4の福利厚生）は働く人について書いている。

特に7の「楽しみながら」はChapter3で述べるエンゲージメントの「ワクワク感」と同じ発想である。ソーシャルビジネスは働く人にとって楽しく、ワクワクするものということである。

ESGでカネを吐き出す

このユヌスモデルが、日本が国として目指すソーシャルビジネスのヒント（もちろんこのまま使うわけではない）としてクローズアップされる。

ここでのポイントは投資・回収である。国はGXのゴールとしているカーボン・ニュートラルのためには官民で150兆円のストック投資が必要と考えている。このうち20兆円をGX債という国債で賄い、これをGXビジネスのスタートアップ（走り出し）にしようとしている。

この20兆円の国債は返すあてのない借金ではなく、つなぎ国債（将来特定の収入によって返す）としている。その収入はカーボン・プライシング（企業が払うカネ）である。つまり、この20兆円も民間企業のカネを期待している。

国はこの20兆円を「呼び水」と言っている。呼び水とは「ポンプから水が出ない時に上から別の水を入れて水が出るようにすること」である。20兆円をとりあえず民間企業のポンプに入れ、つまっているカネ（企業内にたまっているカネ）を吐き出してもらうというものである。そしてこの20兆円という国の借金は後で企業に返してもらう。

つまりGXのカネはすべて民間企業のマネーを想定しており、国民の税金を使うつもりはない。

しかし残念ながらこの吐き出してほしいカネは、法的にはすべて株主のものである。「最もカネを持っている上場企業」の株主がこの吐き出しを許してくれるかである。

ただ、上場大企業の株主は証券市場の売買において毎日変わっている。よく考えてみれば「GXに使う」ということに反対の株主が売り、賛成の株主が買ってくれればよい。そしてこの風を官が作ればよい。

これがこれから述べるESGという株投資（ややこしいが、企業が事業に投資するものではなく、投資家が株を買うこと）の風であり、日本ではGPIF（後述するが年金を管理している所）という官がその先行部隊である。

そしてこのESGが、日本のソーシャルビジネスモデルを作り上げる。それは、「企業が自分の持っているカネを、自分の意思で、社会貢献のために使って、事業を遂行する」というものである。

Section

3

GXへのカネの流れをどう作るか？

大企業が持っているカネを吐き出してGXに使う

何度も述べたが、GXのスタートアップには膨大なカネが必要であり、日本ではこれまでの公共事業のように国のカネを期待するわけにはいかない。

ここで注目するのが上場大企業の内部にあるカネである。このカネが日本企業全体で500兆円以上あり、毎年20兆円増えていることがわかってくる。

これは大企業がフロービジネスを進めて稼いだカネであり、株主が恐くて使えずにいたカネである。これを社会のために吐き出してもらう。これが、日本国が考えたGX・ソーシャルビジネス・スタートアップ（この言葉は国が何度も使っている）のためのカネである。

　ここでのポイントは経営者の決断よりも、それを株主という会社のオーナーが許してくれるかである。

　よく考えてみれば、上場企業の株主にとっても企業の内部にカネがどんどんたまっていくのは幸せなことではない。この株主が求めているのは株価の上昇である。そして、このカネをためてしまった安定企業の株価は上がっていない。株価が上がっているのは、利益を無視してどんどんカネを使っていく成長企業である。

　株主が求める「株価」と「企業のＧＸへの投資」という、これまでトレードオフと思われていた二つを結びつけようとするのがＥＳＧである。

ＥＳＧという三方よし

　繰り返しになるが、Ｅは環境（Environment）、Ｓはソーシャル（社会）、Ｇはガバナンス（株主の権利）の略である。

　ストレートに言えば、ＥＳＧとは「環境ビジネスをやっているか」「社会利益を目指しているか」も、証券市場において「どの企業の株を買うか」を決める時の指標にしようという掛け声である。

この掛け声に皆が乗ってくれればＥＳＧをやりそうな企業の株価は上がっていく。その企業の株が人気になれば株価は上がるからである。

このＥＳＧとして株を買われた企業は、「儲からなくても（儲かったほうがよいが）社会利益のための環境ビジネスへカネを使え」という指示が株主から出ることになる。つまり企業が持っているカネを、株主がＧＸへ向けることを求めることになる。

ただ、これはＥＳＧ投資家のカネが企業へ流れるのではなく、株主がＥＳＧ投資家に変わるだけである。この株主の権利（ガバナンス）によって、ＧＸ（Ｅ、Ｓ）へカネが向かうことになる。これを間接投資という。株主がカネを企業へ渡すのではなく、株主の権利によって企業がカネをＧＸへ投資するものである。

さらにはＥＳＧという掛け声で株価が上がっていくのを見て、お金持ちのカネを集めてこれをＥＳＧ企業に投資しようというファンドも出てくる。ファンドとは、他人のカネを集めて「株価が上がりそうな株」へ投資していく企業である。

ＥＳＧファンドは「ＥＳＧというテーマ、枠組みで、投資家のカネを一箇所に集めて、ＥＳＧに手を挙げる企業の株を買っていく」という投資信託スタイルを取る。こうしてＥ

SG派の株主が増えていく。このESG企業の投資対象は無論、国が望むGXである。

ESG投資は誰が言い出したアイデアなのかは調べてもよくわからなかったが（どうも国連のようだが）、投資家、企業そして国の「三方よし」の社会モデルと言える。

企業は「ESGに応じます」と宣言すればいい

ESGの第一条件は、株主になった企業に「環境」（E：Environment）というビジネスを求めることである。

この環境ビジネスのスタートはストックビジネスであり、そのためには大きな投資が必要だということは、これまで何度も述べてきた。このストック投資をすることでESG株としての魅力が上がり、その株がますます人気となり、株価は上がっていく。

ESGの第二条件は、「社会」（S：Social）であり、この環境ビジネスの目的に社会利益も加える。そうすることで、企業のカネを環境ビジネス＝GXという新しい事業に投資し、それによる「社会利益への貢献」で株価が上がることになる。

これを企業側から見れば、株主がESG派に代わることで、「持っているカネを環境ビジネスに使ってよい」という声が届くことになる。つまり、環境ビジネスを行いたいが株主が恐くてできない経営者は、「我が社はESGに対応します」と宣言すればいい。

現実に、近年になって経営計画のキーワードとしてESGを入れている企業は多い。こうすることで、「利益」という暗い目標から、「社会貢献」という明るい目標へシフトできる。

しかもこの環境ビジネスという事業は、社会が利益を受けられるので、最悪のリスク（大損する）が起きた時でも、社会の支援が受けられる。つまりリスク（前述の公共事業のリスク）に対する社会の担保がある。

ESG投資の第三条件は「ガバナンス」（G：Governance）である。

このガバナンスは前述のとおり「株主の権利」のことを言っている。ここで言うガバナンスには「経営者を指名、クビにする権利」に加えて、「経営者の行動をチェックする権利」が含まれている。つまり環境・社会利益のために投資しないとその経営者をクビにするというだけではなく、きちんとESに投資しているかを随時チェックするというものである。

ここにはエンゲージメント＝強い約束という言葉が使われる。これまで投資家に対し、経営者は業績、利益という「結果」を約束（コミットメントと表現）していたが、そのプロセス（カネの使い道）についても「強い約束＝エンゲージメント」をするというものである。

このエンゲージメントは、これまでのように株主総会という1年の最後にチェックするのではなく、投資家と経営者が随時「対話」することを意味している。だから、エンゲージメントと対話はセットである。ＥＳＧにおいても投資家と経営者が対話によって互いの気持ちを確認しながら、どんなことにカネを使うかを決めていく。

ＧＸでは企業と投資家（株主）との間のエンゲージメントが強く求められる。

「PRI」と「GPIF」がESGを後押しする

このＥＳＧの流れを作ったのが国連である。

２００６年、ＧＸを目指す国連のアナン事務総長は欧米のプロの投資家らの協力を得て、ＥＳＧのためのＰＲＩ（Principles for Responsible Investment：責任投資原則）を発表した。

ＰＲＩは「世界の投資家が結束してＥＳＧを条件としてカネの運用をしよう。それによってＧＸ、カーボン・ニュートラルというカネのかかる地球事業を皆で推進しよう」と訴えている。そして、これを受け入れない投資家は、ＧＸを志向する企業の株を、ＥＳＧに合意する投資家へ売却してほしいというものである。

２０１５年、日本ではそれほど騒がれなかったが、世界中に大きなインパクトを与えた出来事が起きた。ＧＰＩＦ（年金積立金管理運用独立行政法人。日本の公的年金運用を担っている機関）が、「ＰＲＩの署名機関になった」と発表したことである。つまり、我々の年金の運用について、今後はＰＲＩに基づいてＥＳＧ投資をするということである。

これまでＧＰＩＦの株の運用はポートフォリオ・スタイル（すべての株を薄く広く持つ）であり、ユニバーサル・オーナーシップ（特定の企業に偏らず公平に投資する）というものであった。それを「ＥＳＧ企業の株を買う」とはっきり表明したのだ。

なぜこれが大きなインパクトかと言えば、ＧＰＩＦは約２００兆円の巨大マネーを運用している世界一のアセットオーナー（ファンドへカネの運用を任せる大手投資機関のこと）であり、この巨大マネーがＥＳＧ株を買い支えていくことになるからである。株は買うニーズが増えれば上がっていく。世界第２位のアセットオーナーであるノルウェーの政府年金基金（現在の運用額は１７０兆円にもおよぶ）もＰＲＩに署名し、ＥＳＧへの流れを作っていく。

現在、このアセットオーナーのランキング30位以内（２０１９年と少し古い統計だが）には、アメリカの機関が13入っているが、そのうち署名しているのは３機関だけである。一方、ヨーロッパは先ほどのノルウェーの政府年金基金を含む４機関が入っているが、すべて署名している。

この他、カナダの２機関と、韓国、南アフリカの１機関はいずれも署名しているが、中国、マレーシア、インド、オーストラリアの各１機関はいずれも署名していない。ちなみに日本では他に地方公務員共済組合連合会と企業年金連合会が入っている。どちらも共済、年金という一般国民のカネであるが、企業年金連合会はＰＲＩに署名している一方、地方公務員共済組合は署名していない（なんだか反対のような気もするが）。

このように世界もＥＳＧで真っ二つという感じではあるが、近年はアメリカでもＥＳＧ株が上がって人気となり、署名機関はここにきて増えている。ややＥＳＧが優勢といったところである。

このＥＳＧの風は日本ではＧＸ債という国の借金よりも、ＧＸにとっては大きなインパクトになる。それはＥＳＧによって大企業にある巨大マネーがＧＸへと向かうからである。つまりＧＰＩＦが株に投資するカネの何倍も、何十倍ものカネがＧＸ事業に流れていくことになる（ＧＰＩＦはＧＸの目途が立てばその株を売って、このカネを年金支払いに充てればよい）。

ＥＳＧと社員の給与が連動する

この流れを受け、投資家の代弁者たる証券市場もＥＳＧに関するディスクローズ（ＧＸをやる気があるのか、そのためのカネを持っているかを公開する）を企業に求めている。

東証では２０２２年、市場を再編したことを機に、東証プライム上場企業（従来の「一部上場」に相当）のコーポレート・ガバナンス・コード（証券市場の中のルール）を改訂し、「気候変動に係るリスクおよび収益機会が自社に与える影響について、ＴＣＦＤまたはそれと同等の枠組みに基づくディスクローズの質と量の充実を進めること」というものを追加している。

ＴＣＦＤ（Task force on Climate-related Financial Disclosures：気候関連財務情報開示タスクフォース）とは、気候変動への取組や影響に関する財務情報のディスクローズについて考えるチームであり、各国の中央銀行（国の金庫番）などをメンバーとして構成されている。上場大企業に対しコーポレート・ガバナンス・コードという証券市場のルールによって、ＥＳＧのＥとＳ（特に気候変動）に関する情報のディスクローズを求めたものである。

これを受け、財務情報と環境情報などを統合する「統合報告書」として、自社の情報をオープンにする企業も増えている。さらには海外では、ＥＳＧに関して経営者と投資家がエンゲージメントし、この結果によって経営者、さらには従業員の報酬を連動させる企業も増えている。

日本でも２０２２年に花王とソニーが、経営者だけではなく従業員のボーナス、給与にまでＥＳＧへの取組を反映させると発表した。つまりＧＸなどの環境ビジネスを担い、社会利益の向上を図る人の給与が上がるというものである。「ＧＸをやりたい」と思う人を増やしていきたいという企業の意思である。

Section

4 GXのための借金

企業へ直接カネを出す「インパクト投資」

GXのためのカネはこれまで述べてきた国のカネ、大企業にたまったカネだけではまだ足りない。どうやって調べたかはわからないが、GXには全世界で10京円（1京＝1万兆）と言っている人もいる。GXを進めるためには、企業から見るとこれまでの事業でためたカネだけではなく、一般国民の持っているカネや金融機関のカネも集めたい。つまり企業がする借金であり、直接投資（この借金でGXをやる）である。

この直接投資としては、かなり昔からSRI（Socially Responsible Investment）というものがある。これは「社会的責任投資」と訳されている。

SRIのルーツは、18世紀のヨーロッパで始まった「ビジネス上でやるべきでないことをはっきりさせる（奴隷は所有しない、など）」という運動にある。

20世紀に入って、アメリカ・キリスト教会がその巨大資産の運用をする際に、「アルコール、ギャンブルなどキリスト教の教義に反するビジネスを手がけている企業には投資しない」と宣言したことから、ＳＲＩという言葉が生まれ、20世紀の半ば頃からこの言葉が次第に使われるようになっていく。

そして後述するＣＳＲ（Corporate Social Responsibility：企業の社会的責任）という考え方と融合され、ＳＲＩは「ＣＳＲに配慮して事業を進めること」を条件として、企業に直接投資するスタイルを意味するようになる。

ＳＲＩ投資によってなされた資産（企業によって買われた財産）は、２０００年代の半ばで欧米合わせて２００兆円から７００兆円、日本で５０００億円程度とされている（どうやって調べたのかよくわからないが、そう書いている本がある）。

ＥＳＧが株の投資先の選定という間接投資（事業に投資するのではなく株に投資する）の面が強いのに対し、ＳＲＩは、「今、投資家や大衆が持っているカネ」を「社会のために投資する」という「直接投資」であり、インパクト投資（特定の問題解決のために出すカネ）という言葉を使うことも多い。

ここでは「貸付」(企業から見れば借入)という方法を取ることが多い。つまり、株ほど大きなリターンは期待せず、最低限の金利分のリターンを求めるものである(貸倒れ=貸したカネが返ってこないというリスクは伴うが)。

注目を集める「グリーンボンド」とは?

このインパクト投資の世界で注目されているのが、「グリーンボンド」である。GX分野への取組に特化した資金調達(借金)のために発行される債券(不特定多数の人から集める借金。会社が出すと社債という)のことである。

グリーンボンドは2008年の国際復興開発銀行(IBRD)という公的機関での発行が最初と言われ、その後、アジア開発銀行などいくつかの国際的な銀行が発行した。

2014年に入って民間金融機関が集まって「グリーンボンド原則」というガイドラインが作られたことで、グリーンボンドが民間でも発行できるようになった。これにより、企業がGXを進める時のストック投資のカネとして注目されるようになっている。

グリーンボンドはGXの事業を行うための借金であり、企業がこのカネを使うことについて株主へのお伺いを立てることは不要である。その使い道は株主ではなく、貸し手の意向に従う。つまりグリーンにしか使えない。このため、先ほどのグリーンボンド原則では第三者による監督（グリーンに使っているか）を義務付けている。

グリーンボンドの他にも、ソーシャルボンド（環境だけでなく、社会のさまざまな課題解決に投資する）、サステナビリティボンド（グリーンのみならず「持続社会」をテーマとするもの）などが考えられているが、これらを合わせてＥＳＧ債と呼ぶこともある。

グリーンボンドが注目されている背景の一つは、ＰＲＩに署名した運用機関は、その運用額の50％以上をＥＳＧに投資することが求められており、その投資先として手っ取り早いのがグリーンボンドと言えるからだ。貸付なので返ってくることが前提であり、投資しやすい。

高砂熱学工業のグリーンボンド

日本でもこのグリーンボンドを発行する企業が増えている。

私のクライアント企業である高砂熱学工業は、２０１９年にグリーンボンドを発行すると発表した。その目的は「ネット・ゼロ・エネルギーを志向する環境改善技術の進化・創造と更なるオープンイノベーションの活性化を通じて、持続可能な社会の実現に向けた積極的な貢献を果たす」としている（プレスリリースより）。

この高砂のグリーンボンドには、茨城県の金融機関の他、大手生命保険、銀行系投資信託などのファンドが応じた。

このカネは茨城県つくばみらい市に建設する高砂熱学イノベーションセンターの建設費および設備費に全額充てるとされた。同センターは茨城県からの本社機能移転強化促進補助金とこのグリーンボンドにより、2020年1月に完成した（高砂のGXビジネスについては後述する）。

これこそが、本書で述べてきたGXのためのストック投資である。

企業から見ればグリーンボンドは社債（大衆からの借金）であるが、銀行からの借入にもこれが活用できる。これをグリーンローンという。

2022年に日産自動車はこのグリーンローンにより、みずほ銀行、三菱UFJ銀行から2000億円を調達した。発表によれば、この資金により電気自動車（EV）の中核となる電池の開発や生産のための投資を行うとされている。

ここまで、ＧＸをビジネスとして進めるにはストックビジネスから始めることが不可欠であり、かつ、その枠組みとしてソーシャルビジネスが注目されていることを述べてきた。その上で、資金調達の手段として、国の補助金よりも、ＥＳＧやグリーンボンドなどのインパクト投資の枠組を使うという方法を紹介してきた。

では、こうした事業をどのように進めていけばいいのか。それが次のＣｈａｐｔｅｒ３のテーマである。

Chapter

3

GXをビジネスで実現する

――働く人が望むGX――

Section

1

GXのベースは変革と戦略フロー

本書の最後に、GXを企業で働く人の立場から見ていこう。本書のメインテーマであり、これを結言としたい。

あらゆる変革はGXのための下準備だった

バブル崩壊後の不毛の10年を経て、日本は再生へと向かっていく。ここでのテーマは「変革」一色であった。変革とは自社をまったく新しい姿に変えていくことである。つまりGXの「X」である。

この変革（X）はそれまでの日本企業が得意としてきた「改善」（KAIZEN）ではない。改善とは環境変化によって生じた問題点、課題を解決していくものである。一方、変革とは、いったん現在の姿を忘れ、未来の「ありたき姿」（あるべき姿ではなく）を作り、そこへ現在からアプローチしていくものである。

それからの20数年間、日本企業はこの変革という苦手な分野に、もがきながらも突き進んできた。そしてこの変革をやってきた経験こそが、日本企業のＧＸの原動力となる。

具体的な変革テーマとしては、「バリューチェーン」（企業と企業の関係を協創に変える。競争ではなく皆で一つの目的に向かっていく）、「グローバル化」（国際化という国の対立ではなく、グローバルという地球レベルでビジネスを考える）、「働き方改革」（そもそもなぜ働くかを考える。社会のために働く）、ＤＸ（未来で働く若者のために彼らが望むデジタル化を進める）といったものである。そして、その経験がすべてＧＸに結びついていく。

今考えれば、それまでの変革アクションはＧＸビジネスという地球から企業に与えられた難題解決のための下準備であったとさえ感じる。

変革には必ず抵抗勢力がいる

変革の難しさは、抵抗勢力が必ずいることである。

改善活動のような、現在の問題、課題を解決していくことに反対する人はいない。しかし苦労して築き上げた〝今〟を壊して、新しい姿を作る変革に抵抗する人はどの世界にも必ずいる。〝今〟を築き上げた人たちである。

せっかく自分たちが苦労して作ってきたものを壊すのは、どんなに明るい未来が期待できるとしても嫌である。現世界チャンピオンのアメリカがＧＸの最大の抵抗勢力になっているのも、同じことである。

企業における変革の抵抗勢力の多くは、ベテラン（今の業績を上げたい、これまでやってきたことを後輩に伝承したい）であり、推進派の多くは若者（今日よりも明日を大切にしたい）である。年功序列のもとでは「上司」と「部下」と言い換えてもいい。

そこで、変革を志向する企業では若手（年齢が若い人）を抜擢しようとするが、それでも変革はなかなか前へ進まない。若手にも「今の仕事第一」と「未来の夢第一（これが若者）」の二つのタイプがいるからだ。

さらに、この若手を「抜擢」するのは、多くの場合変革を志向する経営者自身ではなく、現場をよく知っている直属の上司という抵抗勢力である。彼らは今の自チームの業績を上げるため、従順で実行力のある若手を抜擢する。というよりも、自分と重ね合わせて自分と同じタイプの人を抜擢する。

こうして、〝やんちゃ〟でパワーがあって、新しいことにチャレンジしたい若者は、がまんして働いて気持ちが死んでいくか、やんちゃなまま退職して明日の夢を追いかける「自由のある企業」へと転職していく。

そして、そんな若者が去っていった企業にはやんちゃな若者が入ってこなくなり、企業はますます老化してしまう。

団塊世代のリーダーたちが変革をリードした

しかし、こうした状況を打破し、変革を成し遂げる企業がいくつも現れてくる。

そのスタートはどの企業も「力強いトップの登場」にある。私の周りの変革トップはなぜか皆「団塊の世代」（1945年から1950年くらいに生まれた人）であった。

2000年代初頭、バブル崩壊後の業績悪化の責任をとって辞めていく戦前生まれに代わって、トップに立ったのが団塊の世代である。彼らは自らが組織の頂点に立ってみて、自分が入社した頃とは自社がまったく違っていることに気づく。そして自分たちが入った頃の「元気いっぱいの企業」に戻りたいと考える。

ここで彼らは突然、社内へ「変革」を宣言する。

ここでの変革の進め方は従来のような課題解決型ではなく、戦略フロー思考というものである。

それはミッション（企業としての理念と社会から与えられた使命をセットにしたもの）⇩ビジョン（自らの社長の任期を10年間としたら、その10年後の夢というありたき姿を描く）⇩戦略ベクトル（その進む方向）⇩株主とコミットメント（約束）する目標へとフローしていくものである。

ここで特徴的なのは、「株主とコミットメントする目標」を下位に置くことである。つまり株主のために働くのではなく、ミッションのため、ビジョンのために働くというものである。

何もかも変えてしまったアズビルの変革

こうした変革の典型的な例として、アズビルのケースを挙げたい。

アズビルは旧社名を山武という。アズビルは社名を変え、ミッション（彼らは「グループ理念」と言っている）も変え、まったく別の企業に変身した。この変革をスタートアップしたのは、団塊の世代の故小野木聖二社長である。

私はこのアズビルの変革に携わっていたので、この社名変更について当時の従業員に聞いてみた。管理職のほとんどが「昔の社名のほうがいい。お客様もそう言っている」と言っていたのに対し、若者は「社名なんかなんでもいい。そんなことより会社が変わっていくことがうれしい」と変革への期待感を見せていた。

私は小野木の命で、「グループ理念というミッションに合意し、自らの行動を変える」ということをテーマとしてセミナーを実施した（している）。この変革セミナーの受講者はすでに1000人を超えている。

小野木が従業員に伝えたかったのは、「数値目標のために働くのではなく、自分たちの夢（ビジョン）を実現するために働こう」というメッセージである。これが小野木に限らず、団塊世代のリーダーたちが行う変革の原点である。

この変革経営者のほとんどは創業者というカリスマ経営者ではなく、サラリーマンとして入社して組織のキャプテンとなった「働く仲間」である。つまり「上から目線」ではなく、働く人のリーダーとしてそのリーダーシップを見せている。

アズビルはこの変革を、以降20年にわたって続けている。そしてこの姿を「学習する企業体」と表現している。環境変化に対応して常に変わっていくというものである。

そして彼らの今の変革テーマはＤＸ、そしてＧＸである。環境変化に対応して変革をやっていけば自ずとたどり着くテーマである。

企業の「三つの責任」

変革経営者は株主の代理人ではなく、従業員のキャプテンとしてのポジションを取る。そうなると社会との関係は「株主を通して」ではなく、自らで考えなくてはならない。株主はその社会の一部である。

この「社会との関係」として最初に注目されたのが、ＣＳＲ（Corporate Social Responsibility：企業の社会的責任）という考え方である。これは社会が企業に対して「社会の一員として責任を取れ」と言っているのではなく、「企業自らが社会の一員であることを自覚し、社会に対してどんな責任を自発的に取るのか」を企業自身で考え、設計し、これを社会へ訴えていくものである。

私はこのCSRを「三つの責任」に分けて考えている。公共責任（社会に対して迷惑をかけない）、公益責任（社会利益を目指すことに合意する）、存在責任（自らの存在意義から考えて社会利益のために何ができるかを考える）である。

変革経営者の考えるCSRは、公共責任は当然のこととして、公益責任、存在責任という「社会利益」をベースにするものである。つまり「社会のために働く」である。

しかし、ここに抵抗勢力から反論が出る。「企業は利益を目指すものである。社会利益への貢献は、企業利益を増大させ税金をたくさん払うことで果たされる。それ以上のものは企業の責務ではない」というものである。そしてこの反論をCSRを志向するトップでさえも、なかなか覆すことはできない。「利益を目指さなくていい」とは言えないからである。

「インテグリティ」という美意識がGXには必要

ここでやっと変革に必要なものが見えてくる。働く上での基本的な価値観の統一であり、それが前述した「インテグリティ」である。

　これはドラッカーの著書の中に出てくる「integrity」という言葉がベースとなっており、日本語では「真摯さ」と訳されている。そこに、変革経営者たちが求める価値観である「品格」「プライド」「人への愛とリスペクト」を統合したものを、私はカタカナで「インテグリティ」と表現している（このあたりの話は拙著『マネジメント4・0』に詳しく書いているので、興味のある方はぜひお読みいただきたい）。

　インテグリティを企業文化と表現する人もいるが、私は違うと思う。文化には「意図せずに生まれたもの」というニュアンスがあるように思う。変革を成し遂げた経営者たちのインテグリティとは、「そう感じてほしい」という「願い」であり、「こういう姿を美しいと思ってほしい」という「美意識」のようなものである。

　この美意識は仕事につながっていく。それが「社会貢献」というものである。社会貢献を「美しい」と感じ、儲け第一主義を「美しくない」と否定するものである。これこそがGXの原点となる。

ミッションを変革の旗とする

こうした中で変革経営者たちは、先ほどの戦略フローの出発点であるミッションの大切さに気づく。このミッションは企業理念、経営理念、社是といった名前で呼ばれる。

ハウス食品のトップに立った団塊の世代の小瀬昉は、ハウスを自分が入社した頃のような元気な会社へ回帰させたいと考えていた。そのため自分が入社した時の創業者（正確には二代目）が言った格言を集めて、「ハウスの意（こころ）」というものを作成し、従業員へ提示した。そこには「謙虚な自信と誇りを持とう」といった行動理念が並んでいる。

私は小瀬の命を受け、この「ハウスの意」をテキストにして、変革リーダーを見つけ、育てるためのリーダー養成塾を20年近くにわたって実施した。そうして昇格していったリーダーたちのほとんどに、私は「謙虚」「自信」「誇り」というインテグリティを感じた。

ハウスはカネよりも仕事よりも「お客様の幸せ」をいつも見つめる元気な企業へと変身した。そして社会（お客様全体）の求める「健康」という社会貢献事業へチャレンジしている。

前述した高砂熱学工業も、団塊の世代の大内厚がトップに立ち、変革を志向した。ここでもやはり、ミッションをそのスタートとした。

まずは、すでに成文化されていたが社内では忘れ去られていた「人の和と創意で社会に貢献」という社是を前面に出した。ここには高砂が持つ伝統である「創意」とともに、「和」（競争の反対）、「社会貢献」が書いてある。GXという「社会貢献」に必要なのはストックを作る「創意」であり、「競争よりも協創」である。

高砂はこの社是のもと、以下のような経営理念を持っていた。

1　最高の品質創りを重点に社業の発展を図り社会に奉仕する
2　全員の創意を発揮し顧客のニーズに対応した特色ある技術を開発する
3　人材育成と人間尊重を基本として人の和と品性を高揚する

アズビル同様に変革セミナーで、高砂の従業員に対し「経営理念をどう思うか」をディスカッションさせた。すると、ほとんどの人がこれに強く合意した。

その後、高砂はこのミッションに基づいてGXを戦略テーマとしていく。ここには抵抗勢力はいない。合意したミッションからして、どう考えても高砂がやるべき事業だからである。

2023年5月、高砂は小島和人社長という新しいトップのもとで、創立100周年を機に社是、経営理念をベースとして次のようなパーパスというミッションを発表した。

「環境革新で、地球の未来をきりひらく」

空気を調和する。そこから生まれる無限の可能性がある。
高砂熱学は、一人ひとりが百年の歴史から受け継いできた
技術と誇りを胸に、人の和で多様性と共創の輪をひろげていく。
空間環境を創造し、地球へ、そして宇宙へ。
あらゆる環境革新をリードしつづけます。
私たちと家族、世界中の人々の笑顔、すべての生命とともに。

高砂は自らの存在価値を「環境革新、地球の未来だ」とはっきり宣言した。こうして大内の考えた変革は次の世代へ引き継がれた。

社会貢献を設計するのがパブリック・リレーションズ

こうした中でCSRはパブリック・リレーションズという考え方にたどり着く。

パブリック・リレーションズはPRと略されるが、日本語の「ピーアール」とはまったく異なる意味、というよりむしろ逆である。アピールするために前へ出るのではなく、社会のために一歩下がるという謙虚なスタンスを取る。

パブリックは「公共」と訳されるが、「社会全体の利益を考えること」という意味である。パブリック・リレーションズとは、社会・社会利益との関係を、社会貢献を前提として企業自らが設計していくものである。そしてCSRの「責任」(どちらかと言えば「やらされる」というイメージ)を一歩進めて、むしろ「社会貢献を企業としてやりたいこと」ととらえ、それをどうやって進めていくかを設計する。

近年になってカーボン・ニュートラルが社会の大きな課題となり、「地球環境を守る」

がパブリック・リレーションズのテーマとして大きくクローズアップされている。ここに「地球環境を守る」ことを、「自らがやりたい（なぜやりたいかなんてない）社会貢献テーマとする」という流れが生まれる。

２００６年に誕生したコカ・コーラウエスト（西日本のコカ・コーラボトラーを統合してできた会社。現在はオールジャパンで統合し、コカ・コーラボトラーズジャパンとなっている）は、統合を機にパブリック・リレーションズを行い、次のように企業理念を一新した。

飲料を通じて価値ある「商品、サービス」を提供することで、お客さまのハッピーでいきいきとしたライフスタイルと持続可能な社会の発展に貢献します。

この時のトップは、団塊の世代の吉松民雄である。私が30歳代の時に初めてやった経営セミナーの一期生であり、その後「人材開発塾」というリーダー養成塾を一緒に作った同志である。

コカ・コーラウエストは「日本人は飲まない」と言われたコカ・コーラの製造ライセン

シングを取り、日本中に自動販売機を置き、コカ・コーラグループ全体で売上1兆5千億円という巨大組織を作り上げた。しかし吉松がトップに立った時にはその成長が止まり、はるか後方にいたサントリーの追い上げに悩んでいた。

ここで吉松は改めて「自分たちはなんのために働くのか」を考えた。それが、「サントリーに負けないため」ではきつい。そこで出した結論が「持続可能な社会の発展に貢献」と「お客様のハッピー」であった。

そして、コーポレートメッセージを「みんなのあしたにハッピーを」とした。この「みんな」が社会であり、そこに「ハッピー」を生み出していくことが自分たちの働く目的、とパブリック・リレーションズを結論付けた。

この「ハッピー」という言葉は多くの企業で流行語となり、「健幸経営」といったワードもよく使われるようになっている。変革の目指すものは未来のハッピーであり、これがGXと重なっていく。

ミッションからスタートすれば、抵抗勢力はいなくなる

アズビルの小野木聖二も2006年にパブリック・リレーションズからグループ理念を作り直した。ここでもその結言を「地球環境に貢献します」としている。

アズビルは前述のようにセンシング（計測）とコントロール（制御）という技術を、機械のオペレーション、空気の温度調整などさまざまな分野で活用してきた。そしてGX／カーボン・ニュートラルでは、カーボンをセンシングし、コントロールする技術が求められる。だからアズビルはGXへ真っ先に手を挙げ、これを事業の柱にしようと考えている。

決して「GXが儲かりそうだからやろう」というのではなく、「わたしたちは地球環境に貢献する」という自らのミッションからチャレンジしている。ここにも「なぜやるのか」「儲かるのか」といった抵抗勢力はいない。

「社会貢献」「地球を守る」という民間企業としての悩ましきテーマは、変革経営者たちの行ったパブリック・リレーションズにより企業のミッションとなった。こうなると、「やる、やらない」という議論の余地はなくなる。この変革の最終目的は利益向上ではなく社会貢献であり、その貢献対象の社会の想いが「地球環境を守る」にあることがはっきりとするからだ。

そして、これまで変革のテーマとしてやってきたバリューチェーン、グローバル化、働き方改革、DXといった個別のことがミッションをベースとしてGXへと収束していく。大事なのはこれらの変革を、GXという社会貢献を目的とすることである。つまりGXをこれら変革戦略の上位テーマ、目的、理念として位置づけるのである。

この整理によって、従業員にうまく説明できなかった経営テーマであるGXを、戦略というよりも「その上位のミッション（与えられた使命）とする」ことが可能になる。

本項のまとめ

・GXに企業がチャレンジするベースは変革（X）である。変革はミッションをスタートラインとする戦略フローというスタイルで進められる。

・GX／変革に求められるのは「自分たちはなんのために働くか」というミッションである。このミッションはパブリック・リレーションズによって生まれる。このミッションによって社会貢献＝社会利益を企業利益よりも上位目標としてGXを進めることができる。

Section 2

GXには「バリューチェーン」が必要

サプライチェーンとバリューチェーンの違いとは？

ＧＸと必ずセットで議論されるものが、サプライチェーンである。

この「チェーン」とは企業の連携のことであり、アライアンス（同盟）と表現される。

このアライアンスなくしてＧＸはなし得ない。特定の工場がＧＸを進めても、そこで使う資材、エネルギーの提供元がカーボンを大量に出していては意味がない。

サプライチェーンとは、商品を製造して顧客に届けるまでの一連の流れを指す。有名なのがトヨタが作ったサプライチェーン、すなわち子工場が部品を生産し、それを親工場が組み立てて製品を作り上げるという、いわゆる「カンバン方式」である。この方式は日本中に広がっていった。

それに対してバリューチェーンとは、顧客へ「商品を届ける（サプライ）」のではなく、「価値をサービスする」と考え、チェーン全体でその価値を最大化していこうという発想である。

ジャパニーズ・バリューチェーンが生まれる

バリューチェーンは元はといえば、サプライチェーン間で激化する競争に対して、競争戦略の大家ポーターが提唱したものである。「ライバルばかり見ていては勝てない。顧客への価値を考えて企業はアライアンスせよ」というものである。

しかし、ポーターが提唱する前からすでに、日本企業はバリューチェーンを実現していた。たとえば松下電器（現パナソニック）は全国各地にパナショップという小売店を展開することで、アフターサービスなどを含めフルサポートで顧客へ価値を提供していた。これがまさにバリューチェーンである。

こうしたバリューチェーンは当初、大企業だけのものであったが、バブル崩壊後、競争の「恐さ」（勝者は1人で多くの敗者は消えてしまう）と「虚しさ」（勝ってもそこにはハッピーはない）を感じた多くの企業により、積極的に取り入れられることとなる。

ここにポーターが提案した競争型バリューチェーンとは異なる、新しいジャパニーズ・バリューチェーンが生まれる。そのコンセプトは、日本企業が大切にしてきた「和」である。これが「きょうそう」とのゴロ合わせで「協創」と表現され、日本中に広がっていく。

協創は、一つの超大企業が他企業をリードして作っていくというよりも、皆でコラボレートしていくフラットなチェーンをイメージしたものである。これは日本では「取引から取組へ」と言われた。

たとえば製品メーカーと販売会社が1件ごとに価格、納入条件などを交渉して合意していくという「取引」ではなく、企業と企業が共通契約を結んで、互いが協力して生産（販売会社から顧客ニーズを受けて作る）や販売（製品メーカーのサポートを受けて売る）を行っていくという「取組」である。この「取組」の目的が顧客への価値向上である。

このアライアンスで最も注目されたのが、下流に位置する保守・アフターサービス、オペレーションサービス（運用ともいう）、コンテンツ・ビジネス（スマホのアプリのようなもの）である。つまり商品が売れた後の世界であり、顧客が実際に使用しているシーンに着目することである。

たとえばビルを作る建設業者とそれを保守するビルメンテナンス業者のアライアンス、ガス会社とガスメーターメーカーのアライアンスといったものであり、これによって利用者への提供価値を高めていくものである。

こうして、異業界の企業が協創していく中で、これまでの顧客の集合体として「社会」という新しい顧客像が見えてくる。そして、社会の価値ニーズがＧＸにあることを知り、これにバリューチェーンとしてその価値を提供しようと考える。その典型が、後述するトヨタのウーブン・シティである。

人を中心としたバリューチェーン

ここでアズビルが２００６年に作った「グループ理念」の全文を紹介したい。

私たちは、「人を中心としたオートメーション」で、人々の「安心、快適、達成感」を実現するとともに、地球環境に貢献します。そのために

・私たちは、お客さまとともに、現場で価値を創ります。

・私たちは、「人を中心とした」の発想で、私たちらしさを追求します。
・私たちは、未来を考え、革新的に行動します。

「人を中心としたオートメーション」とは「機械ではなく、それを使う人＝顧客を中心に考える」というものである。これを「お客さまとともに現場で価値を創る」と表現している。まさにバリューチェーンの発想だ。

アズビルは自社技術を大事にする企業であり、これまで他社とのアライアンスにあまり積極的ではなかった。しかし顧客の求める「製品」ならアズビルだけでできても、顧客の求める「価値」は1社ではできない。さらには顧客との協創も必要となる。つまりバリューチェーンを組むしかない。

アズビルはこの企業理念を、具体的なアクションとして展開すべく「道標（みちしるべ）」という戦略ベクトルで、協創、パートナーシップといったキーワードを従業員に対して提示した。

アズビルのバリューチェーンの特徴は従来のように「メーカーが製品に価値を付けて提供する」というものではなく、顧客とともに現場で価値を創るというものである。つまり顧客もバリューチェーンの中に取り込んでいこうというものである。

GXにおいても、顧客へGXサービスを届けてカネをもらうという発想ではなく、パートナーと一緒に実現すると考える必要がある。

建設業界のケーススタディ

ここでGXのためのバリューチェーンを考えるために、建設業界のケーススタディを行いたい。

業界リーダーが抵抗勢力となる

前述のように建設業界はマーケットサイズとしては、自動車業界と並び日本で最大の事業規模である。

ここでの主力商品である建物は、人間が活動するための新しい空気（空間）を作るハードウェアといえる。そしてエネルギーは、工場、オフィス、家といった建物で消費される。

建設業界は「空気を変える、エネルギーを変える」＝GXの最大の担い手と言ってよい。

しかし、この建設業界ではGXがなかなか進まない。

理由はいくつかあるが、その最大のものは「今が幸せな企業」が業界リーダーであり、GXの抵抗勢力となっているためである。

これは多くの業界で見られる構造である。しかし、このリーダーがGXへ本腰を入れれば一気に進む。後述するトヨタ、日立である。一方、現リーダーが抵抗勢力のままでいても、いずれはここに新リーダーが生まれる。建設業界は後者である。

建設業界はピラミッド構造となっており、その頂点がいわゆるスーパーゼネコン（大林組、鹿島建設、清水建設、大成建設、竹中工務店の5社）と呼ばれる巨大企業である。そしてその下に「準大手・中堅ゼネコン」「地方ゼネコン」と呼ばれる企業が、階層化されて存在している。

さらに、その下にサブコン（サブコントラクター。彼らは自らのことをこう呼ばず、エンジニアリング・コントラクターと言っている）が存在する。この企業は主にゼネコンの一次下請（直接の下請）として、電気設備工事や空調・衛生設備工事など特定の工種の施工を請け負う設備工事会社である。

このサブコンからさらに下請（孫請、ひ孫請や二次下請、三次下請といわれる）で施工を行う企業を専門工事会社という。各種建築工事、とび、塗装などさまざまな業種がある。これらの企業が実質的な工事を担当するのだが、全国に100万社以上ある。

この中にやや異質な形ではあるが計装工事会社もある。計装工事とはメーカーが自らの製造した計測装置や制御装置を建物に装備する工事のことである。前述のアズビルはこの事業も行っている。

この他、地方において大工などの職人を雇って建築を行う地場工務店も建設業界に含まれる。

この頂点に立つスーパーゼネコンは、和と競争という二つの戦略でチャンピオンとなった。一つは自らは競争をしないこと（和）である。いわゆる談合であり、何度も公正取引委員会に指摘されてきたことである。

もう一つは自らの発注する下請に対しては、競争（価格、納期）を求めることである。「顧客からの受注は安定価格で、下請への発注はできるだけ安く」というフロービジネスが最も儲かるビジネスモデルである。ここにバリューチェーン（アライアンス）は不要であるし、アライアンスでしか成し得ないGXへのチャレンジも生まれない。

フロービジネスではGXが進まない

建設業界でGXが進まないもう一つの理由は、GXのスタートアップにはストックビジネスが必要なのに、ゼネコンをはじめとする建設業界はフロービジネスのみをやってきたことである。つまり誰かが発注をしてくれるのを待つ業界である。しかも建設業はフロービジネスであるがゆえに景気の変動の影響を大きく受けてしまう。中でも、バブル崩壊後の公共事業の大幅な縮小は、業界に大きな危機をもたらした。

しかし、官としてはインフラ整備に不可欠なゼネコンをつぶすわけにはいかない。そこで、公共工事の発注だけではなく、銀行の借金への実質的な保証まで行って、これらゼネコンを守ってきた。

この時、サブコン以下の工事業者は新築工事が減っていく中で、設備の取替工事（リニューアル工事という）、保守業務に活路を見出していく。これは施主、建物使用者からの直接受注であり、かつ自社新築工事をやった所に限られるため他社と競争が起きず、大きな利益を生む。

こうして売上はそれほど伸びないが、利益は着実に上がっていき、むしろ体力を付けていく企業も増えていった。こうした体力を持った「ゼネコン以外の中間業者」にバリューチェーン、GXの動きが出てくる。

近年になってアベノミクスによる景気回復やインバウンド需要、東京オリンピックの開催などの追い風が吹き、需要も大きく回復していった。しかし、仕事の最上流にいるゼネコンは「利益1人占め」を図るべく相変わらず下請には価格競争を求める。これでは、サブコン以下の工事業者にはそれほどの利益は回ってこない。

そこで彼らは、事業の方向性を変えていく。ゼネコンを経由しないリニューアル工事をさらに拡大するとともに、事業の横展開（空調工事であれば電気工事、衛生工事を含めての受注を図る、など）や、建物の保守サービス（ビルメンテナンスなど）への進出である。

ここに環境ビジネス、カーボン・ニュートラルという追い風が吹く。前述のように人間が建物を作る目的が「空気」にあることに気づいた企業は、その実現に向けて各社と手を組み、水平分業型のバリューチェーンを作り上げていく。

外注、下請といった分担ではなく、あくまで公平な立場の下、各社が技術を結集するという「テクノロジー・バリューチェーン」である。関わる業界も建設業界はもちろん、エネルギー業界などその建物に関わるすべての業界（官も含む）とのアライアンスが必要となる。

高砂が作り上げたバリューチェーン

そんな企業の一つが、空調業界を技術面で常にリードしてきた高砂熱学工業である。

高砂はカーボン・ニュートラル、ましてやGXなんてどの企業もビジネスとしては考えていなかった2014年に、「GReeN PRIDE 100」という長期経営構想を策定する。「グリーン」な空気と前述のインテグリティの一つ「プライド」をキーワードとしたものである。

この長期経営構想には「地球環境に貢献する環境ソリューションプロフェッショナル」「請負工事業から総合エンジニアリング企業への転換」といった戦略ベクトルとともに、「熱・エネルギーに係わる新たな事業領域・ストックビジネスへの進出」「高砂熱学グループのバリューチェーンを確立」といった、GXビジネスに不可欠な要素が挙げられていた。

ここに「空気」を中核とするGXバリューチェーンが生まれてくる。バリューチェーンで中心となるのは、建物の「壁」を作っているゼネコンたちよりも、「空気」そして「エネルギー」を「技術」で支えてきた空調・エネルギー業者である。

ここで生まれた（生まれつつある）のが、ＢＩＭによるバリューチェーンである。これは建物に関する情報を、その建物に関するメンバー（建設業者、設備業者、建物オーナー、利用者など）が共有するというアライアンスである。つまり建設業界の構造を垂直型（親・下請）から水平型（アライアンス）に変えるというものである（これについてはＤＸのところで説明する）。

これに対して、建設業界の現在のドンであるスーパーゼネコンは抵抗する（と思う）。自分たちがリーダーの座から降ろされるリスクを感じるからである。何度も述べた「変革の際には既得権益を持っている人が抵抗勢力となる」というセオリーである。

しかし、こうした動きの中でサブコンはゼネコンの下請を脱して、自らが目指す総合エンジニアリング企業、環境プロバイダーへと変身していこうとしている。つまり建設業界のＧＸリーダーである。ここに建設業界での革命が起きようとしている。

本項のまとめ

・ストックビジネスを必要とするGX事業は1社ではできない。顧客を含めた他社とのアライアンスを組むことが不可欠。
・このアライアンスには社会が受ける価値、それを実現する技術をベースにした水平型のバリューチェーンが求められる。
・GXは事業を変革するだけではなく、これまでの業界という概念をも変革し、ボーダレスとなっていく。

Section

3

グローバル化とGX——競争から協創へ

「国と国との戦い」から「地球のために」へ

サプライチェーン拡張のもう一つの次元が、グローバル化である。国内だけでなく広く地球（globe）全体を視野に入れたバリューチェーンを構築しなければ、GXは成し遂げられない。

しかし、これまでのグローバル化は「国と国との戦い」という様相が強かった。そして、日本はその戦いにおいて、何度も苦汁をなめてきた。

しかし、カーボン・ニュートラルというテーマが出てきた今、グローバル化は国同士の戦いではなく、「地球全体を対象としたビジネス」という本来の意味に回帰しつつある。このグローバル化の行き着く先は「地球のために働く」というものである。それは今のアメリカ、中国、そしてＥＵが見失っている視点である。

本項では日本におけるグローバル化のリーダーであるトヨタに着目し、日本企業のグローバル戦略について考え、それをベースに自動車業界のＧＸを考えていく。

トヨタのケーススタディ

世界をリードするグローバル戦略

トヨタの世界進出は１９５０年代というかなり早い時期である。当初は日本で作ってアメリカで販売するという輸出モデルであったが、その後、各地に現地工場を作り、アメリカ・マーケットへ第三国経由で輸出する形を取る。

この戦略のもと、アメリカでの売上を急拡大させるが、それが現地での反感を生み、官民一体となった猛バッシングを受けることとなる。いわゆる日米自動車摩擦である。

トヨタはここで新たなグローバル戦略を構築する。現地国へと進出するのではなく、現地法人の設立や現地国企業のM＆Aにより、現地国に資本を投資するというものである。要するに、カネを現地国へ出すという出資モデルである。無論、現地国としてはウェルカムである。

「低賃金の国で生産し、需要が大きい先進国で売る」というモデルは、どうしても販売する国の反感を生む。そこでトヨタは「現地で、現地の人が作って、現地で売り、現地の人が買って使う。トヨタはそのために出資する」という「現地法人モデル」を作っていくことにした。

これは進出、戦いではなく、現地国の人と一緒に仕事をやろうという協創である。ここから「地球の人が皆で協力して働く」というビジネスモデルが生まれる。これがトヨタの考えたグローバルモデルであり、「国際競争からの脱却」を意味している。

このグローバルモデルはゆっくりと日本中に広がっていく。そしてこのグローバルモデルは日本がGXで世界をリードする時の基本的なスタンスとなる。

トヨタは2001年、このグローバル事業の理念を「トヨタウェイ2001」として社内外に発表した。ここでは、「グローバル・マーケティング理念」として、次の3点を挙げている。

・需要のある場所で生産する
・コアコンピタンスは「品質の確保」
・ものづくりは人づくり

そしてこのトヨタウェイ２００１と、これに基づくトヨタグローバルビジョンは世界中に公開されている。詳細は紙面の関係で省くが、これをトヨタのＷｅｂサイトで見てほしい。トヨタのインテグリティの高さを感じると思う。

バッシングの危機を救ったものとは？

トヨタは２００８年、ついに販売台数世界一を記録する。しかしこの快挙によって、世界中の国から再びバッシングにあうことになってしまう。

中でも象徴的だったのが、２００９年から２０１０年にかけてのアメリカでの相次ぐ大規模リコールであった。円高の影響もあり、販売台数はゼネラルモーターズ（ＧＭ）、フォルクス・ワーゲン（VW）に抜かれ3位となる。

しかし、豊田章男社長のもと、トヨタはこの危機を脱し、2012年には再度販売台数世界1位、2013年3月期には営業利益1兆円超と完全回復する。

その回復を支えたものは、この「トヨタウェイ2001」というインテグリティだと思う。バッシングを受けてもトヨタのインテグリティに共感した世界中のトヨタファンが、これを救ってくれた。

競争によってライバルを倒すことを拒否し、バリューチェーンという協創の「和」を作り、皆が手を携えて地球のために働くことを協創の目的とする。このインテグリティが顧客に評価されたのだと思う。

GXビジネスを進めていくにあたっては、海外企業との連携や海外への事業展開が不可欠となる。しかし、これまで多くの日本企業は、トヨタのグローバル戦略とは異なり、「日本市場が成熟したので、国内で儲けたカネで海外市場で戦う」という発想で進めてしまい、結果としてそのグローバル展開は失敗に終わっている。

グローバルGXでは、この失敗を貴重な経験とし、「地球のために」という理念のもと、インテグリティを持って進めていくしかないと思う。

自動車をネットワークにつなぐ

今、自動車業界ではＣＡＳＥがキーワードとなっている。

ＣＡＳＥとは、Connected（自動車をつなげる）、Autonomous/Automated（自動運転）、Shared（共有して自動車を使う）、Electric（電気自動車）の頭文字である。ドイツのダイムラーが２０１６年のパリのモーターショーで発表したものである。

ここでのポイントはConnected、つまり自動車のネットワーク化である。後述するように、ドイツはＩｏＴという「モノのインターネット」で世界をリードすることを国家戦略としていた。そこに自動車を当てはめる。つまり「自動車をインターネットにつなぐこと＝Connected」である。

ただ、これは業界にとって諸刃《もろは》の剣となる。自動車業界という閉鎖的なマーケットがインターネットによってオープンになり、ここにインターネットの覇者ＧＡＦＡを中心とするＩＴベンダーが参入してきた。

このボーダレス化の中で、自動車業界は大きく再編されていくことになる。具体的には今、三つのグローバル・バリューチェーンが生まれている。リーダーはそれぞれトヨタ、ＶＷ、Ｇｏｏｇｌｅである。

トヨタは実質的には外資となっている日産、三菱を除く日本自動車メーカーとアライアンスを組み、オールジャパンでの水平バリューチェーンを形成している。ここにネットワーク企業としてのソフトバンクが入ってきた。さらには後述するウーブン・シティを機に、日本のＧＸ・ネットワークリーダーであるＮＴＴも加わる。まさにオールジャパンである。

このグループの特徴は「和」であり、後述するようにＣＡＳＥからＧＸへと戦略の軸足を移していく。

残りの二つのグループの戦略は「競争」である。

ドイツのＶＷはＩｏＴをリードする自国のシーメンスやＳＡＰだけでなく、アメリカのインテルという世界一の半導体メーカーと手を組んだ。インテルは、画像解析技術（自動運転のコアとなる技術）を持つイスラエルのモービルアイを買収し、自動運転技術に注力している。そして、ここにアメリカのフォードも入った。

最後のＧｏｏｇｌｅは、「巨大マネー」をベースに単独で攻めていく。その狙いは自らのネットワーク技術（Ｃ）と、ＣＡＳＥの最大の難関といえる自動運転（Ａ）のドッキングである。Ｇｏｏｇｌｅは２０００年代後半にはこの自動運転に着手し、実証実験を繰り返してきた。

そこに、台風の目として競争大国・中国が加わる。

しかし自動車業界全体としてはＧＸ／カーボン・ニュートラルには踏み込めない。ＣＡＳＥには電気自動車もあるにはあるが、この電気もカーボンを生み出しているものが多い。競争を考えればどうしても、ＧＸをビジネスチャンスととらえることができない。

しかしトヨタをリーダーとする日本チームは、リスクがあるのを知りながらＧＸへと舵を切る。それはトヨタのグローバル理念（地球のために働く）から生まれたものである。

「ウーブン・シティ」をＧＸへ

トヨタのＧＸはガソリン（石油）のみならず電気からの脱却を目指すものであり、その第一ターゲットは水素エンジンである。トヨタイムズという独自メディアのニュースは、カーボン・ニュートラル、中でも水素エンジンがその中心である。

このGXのシンボリックな存在として注目されているのが、2021年に着工された、ウーブン・シティというマチ作りである。

その場所として、かつての工場城下町であるトヨタ東富士工場の跡地を選んだ。日本の自然のシンボリックな存在である富士山の麓に「新しいマチ」というニューワールドを作るものだ。

トヨタは当初、このマチを自動運転（CASE）を実験する場として考えていた。新車実験走行の場のようなイメージである。しかし、トヨタはこのCASEからGXへと舵を切っていく。

そのことは、トヨタのWebサイトにある「ウーブン・プラネットへの取組み」という次のような記述からもわかる。


ホームタウン、ホームカントリーと同じように、地球という「ホームプラネット」を大切にし、次の世代に美しい故郷を残したいという想いから、「Planet（プラネット）」という言葉を使っています。未来に貢献するためには、対立するのではなく、各々が「自分の強みで誰かの役に立ちたい」という想いで力を出し合えば、それがSDGsに貢献することになると考えます。

ここからもわかるとおり、CASE／DXのためだと当初考えられていたマチ作りを、トヨタは「地球のために」「SDGs」そして「GX」というテーマへと転換した。

GXのためのカネを結集させる

トヨタはGXの難題であるストックマネーに借金も考えている。いくら巨大企業トヨタでも、GXを自分の手持ちのカネだけではできない。

そのためトヨタの子会社ウーブン・プラネット（現ウーブン・バイ・トヨタ）が、ウーブン・プラネット債という名称のサステナビリティボンドを発行すると発表した。

このウーブン・プラネット債は、サステナビリティボンドだけではなくグリーンボンド、ソーシャルボンドとしての認証も受けた。こうした社債の発行により、最大5000億円程度の資金調達を行う予定となっている。つまりGXのためのカネを社会へ求めるものである。

さらにはGXマネーの結集のために、業界を越えた異業種水平バリューチェーンの構築にもチャレンジする。このチェーンのテーマは「稼ぐ」ことではなく、カネをこのGXへ集めることである。

着工1年前の2020年には、このマチで半官半民のネットワークリーダーNTTとスマートシティの共同開発（共同でカネを出してストックを作る）を行うと発表した。

2021年5月には、カーボン・ニュートラルで大ピンチにあるENEOSとも提携した。この発表時には「ウーブン・シティを水素ベースの街として、カーボン・ニュートラルになることを目的とする」と発表した。ここで自動車業界としては初めてカーボン・ニュートラルという言葉を使い、GXを目指すことをはっきりと宣言した。その手始めとして、ウーブン・シティに水素燃料補給スペースを設置するとしている。

トヨタは自社のWebサイトのウーブン・シティを紹介するページの最後に、「この取組に参加していただけることを願っています」という一文を入れている。他社とオープンに連携して、皆でカネを出し合ってGXを進めていきたいと考えているのだ。

こうしてトヨタはGXの地球リーダーとして手を挙げ、日本中の自動車メーカーだけではなく、さまざまな異業種とのアライアンス＝GXバリューチェーンを強く推進していく。

本項のまとめ

・GXの推進にグローバル化は不可欠であり、そこには各企業のグローバル戦略の一致が求められる。そのGXグローバル戦略は「海外進出」ではなく、「現地国と協創する」しかない。

・GXを実現するにはグローバル・バリューチェーンが必要。このグローバル・バリューチェーンの目的は「一緒に稼ぐ」ではなく、「GXのためのカネを出し合う」ことにある。

Section

4

「働き方改革」からＧＸが生まれる

働き方改革はＧＸの最後の一押し

２０１０年代後半になって変革企業を襲ったのが働き方改革という台風である。働き方改革についてはご存じだと思うが、「残業規制」と「女性・非正規社員の給与の向上」が２本の柱である。

これは「変革」ではあるが、企業自らが意図したものではなく、国からの「法による変化への強制」である。しかし、ここで変革企業は「規制にしぶしぶ対応する」というスタンスではなく、この規制を「企業と働く人との関係」を変革する絶好のチャンスととらえ、積極的に取り組んでいく。こうして働き方改革は新しいスタイルの官民一体で進められる。

これこそがＧＸでなすべき官民一体モデルである。国が社会のために規制し（ＧＸならカーボン量、働き方改革なら残業）、これを企業が規制対応ではなくその目的を理解して（GXなら地球を守る、働き方改革なら働く人の生活向上）、思い切った変革（GXならソーシャルビジネス導入、働き方改革なら多様な働き方）を行うというものである。

この働き方改革が企業にとってGXへの最後の一押しとなる。それはこの働き方改革という変革を進めていく中で、期せずして見えてきた「GXをやりたい」という「若者の声」である。

残業規制が経営を変えつつある

働き方改革の二つのテーマのうち、企業に衝撃を与えたのは残業削減の強制である。これに「残業が減って給与が下がる中堅社員」「トッププレイヤーの働きが制限されて利益がダウンすることを心配する管理職」は抵抗したが、変革経営者は自らの想いに近いことに気づく。パブリック・リレーションズ（社会との関係）、インテグリティ、グローバルといったものから考えれば、むしろ働き方を変革できる絶好のチャンスである。そして社会人をスタートしたばかりで、その働く環境を知って驚いていた若者も、この働き方改革に強く賛同する。

ここで経営は「これから企業で最も働く期間の長い〝若者〟が望む方向に働き方を変える」と宣言する。それが後で述べるエンゲージメントである。

もう一つのテーマである女性・非正規社員について、国はハラスメント（上司が偉いわけではない）、ダイバーシティ（多様な働き方）、ワーク・ライフ・バランス（生活の質向上）をそのキーワードとした。

このハラスメント、ダイバーシティはかつての出世、上下関係といったことを破壊していく。そして組織の中での若者たちの声が大きくなっていく。

ワーク・ライフ・バランスは仕事と生活の調和を求めている。これにより、それまで離れていた企業（仕事）と社会（生活）が近づいていく。ここで企業は「社会のためにある」という本来の姿への回帰を促される。

働く人自身も自らの働くことの意味を考え始める。この頃からよく言われるようになったのは「自分の子供に働く姿を見せる」といったことである。そして次第に働く人の気持ちが社会貢献、「未来の子供たちのために」というGXに近づいていく。

この残業削減、ハラスメント、ダイバーシティ、ワーク・ライフ・バランスという国が言い出した働き方改革のキーワードは、ベテランの戸惑いをよそに、若者たちに強く支持され、これが就職、転職のための大きな要素としてとらえられていく。これらのキーワードを満たさないと「ブラック」と表現され、働く人が嫌がる企業と認定されてしまう。

こうして、かつての「大企業、中小企業」という就活学生の人気バロメーターは、「ブラック、ホワイト」へと変わっていき、これが大きな経営テーマとなる。ここでのホワイトは「ブラックではない」というものではなく、「社会に貢献する企業」というイメージを生む。

このホワイトのイメージを持つ企業が能力の高い学生の人気となる。そしてこのホワイトに「GXをやりたい」という声が重なってくる。

エンゲージメントで仕事を変革する

この「働き方改革」で変革企業が出した結論は、「エンゲージメント」という考え方の導入である。

エンゲージメントとは「強い約束」（エンゲージリング＝婚約指輪）という意味であり、

前述のようにビジネスの世界では株主・投資家と経営者との間で使われ、ここに「対話」というスタイルを生んだ。

このエンゲージメントが働き方改革に取り入れられ、ワーク・エンゲージメントと呼ばれる。今ではエンゲージメントと言えば経営よりも、この働き方の世界で使われることのほうが多い。

この働き方のエンゲージメントとは、働く人の気持ちと仕事についての関係を変革しようとするものである。

これまでは、企業としてやらなければならない仕事、やるべき仕事があって、これをスムーズに遂行していくために、管理職などが「どうやったら働く人の気持ちが高まるか」を考えてきた。やる気、モチベーションといったものであり、伝統的なリーダーシップ論(リーダーとしてどう考え、どう行動するか)の中心テーマであった。

エンゲージメントでは、働く人の「気持ち」を経営者が〝対話〟によってつかみ、働く人がやりたい仕事、働きがいのある仕事に「企業の仕事」をなんとか合わせる努力をすることを従業員に「約束」するものである。

この時、着目された「働く人の気持ち」は、すでにやる気を持ってリーダーとなっているベテランではなく「若者」である。経営者はこの若者と、上司、管理職、リーダーを通さずに直接「対話」しようと考える。

私のクライアント企業の変革志向の社長たちは、この若者との「対話」を就任後すぐに行っている。「仕事を変革していくベクトル」（仕事をどうやるかではなく、どんな仕事をやりたいのか）を若者に聞くためである。ここで生まれたキーワードが「働きがい」「ワクワク感」「ハッピー」といったものである。

この対話の前に、多くの経営者たちは若者が望む仕事のスタイルとしてあるキーワードを想定していた。それが「デジタル」であり、エンゲージメントによって若者の好むデジタルな仕事に変えること（＝ＤＸ）である。

その時浮かび上がってきたのが、アメリカで生まれた「Ｚ世代」（１９９０年代から２０００年代後半に生まれた世代）という流行語である。彼らはよくデジタル・ネイティブと表現される。生まれた時にはすでにインターネットが普及し、スマホをいじって育ったデジタル世代である。

この世代の気持ちに合わせるように、経営者はＤＸを戦略としていく。

若者はソーシャルビジネスをやりたい

しかし、このエンゲージメントという長い対話（経営者が一人ひとりと話すので時間がかかる）で、若者の働くニーズとして見えてきたのはDXよりむしろGXであった。

ただ、私自身がセミナーなどを通して感じたのは、若者は「地球環境に興味があるからGXをやりたい」というよりも、もっと幅広く「社会に貢献する仕事がやりたい」というニーズを持っているという仮説である。つまりソーシャルビジネスに働きがい、ハッピー、ワクワク感を感じるということだ。その理由は次のようなものである。

一つ目は、若者の退職増加に悩まされた企業が行った「退職理由調査」の結果である。企業を辞める時、退職理由などを一応は勤務先の上司に言うのが普通だが、そこでまさか本音は言えない。私も退職の経験があるのでよくわかる。だからまあ「家庭の事情」くらいでごまかすのが普通である。

そこで退職した後で、その人へ第三者が本当の退職理由をインタビューしてみたところ、意外な答えが浮上した。「残業が多い、休みがない」という想定していた理由も多かったが、「自分のやっている仕事が社会のためになっているとは思えない。もっと社会貢献への実感がある仕事をしたい。上司は利益、利益とカネのことばかり言うので虚しい」という意外な理由が挙がっていた。

しかも、これを退職理由とする若者のほとんどは、能力が高く、企業内でも高い評価を受けてきた人であった。そして彼らは、給料が安く、もっと残業の多い教師や社会貢献への実感がある企業へと転職していた。

さらには、私は中高年にもその気持ちがあると感じている。働く力がまだ残っているベテランが定年退職後の仕事として選ぶのは、社会貢献の実感が得られる仕事がほとんどである。ボランティア、地域社会への貢献活動、子供たちへのサポートといったものである。彼らの多くは、サラリーマン時代よりむしろ生き生きとしている（私の友人にも多い）。

若者だけではなく、そもそも人間には（全員ではないが）「社会貢献をしたい」という気持ちがあることがわかる。

二つ目の理由は私が直接聞いたものである。ここ数年間、私がやっているセミナーで、「ソーシャルビジネス」というケーススタディを提示し、その意見をグループディスカッション（一番本音が出る）で聞いてみた。受講者には若者、ベテラン、管理職などさまざまな人がいるが、その合計人数は2000人を超えている。

ここでの若者の意見はなんとほぼ全員が「ソーシャルビジネスをやりたい」であり、もう少し強く「一生の仕事としてやる価値がある」というものがマジョリティであった。

一方、ベテラン、管理職は三つに分かれる。一つは若者と同じで「ソーシャルビジネススタイルへ仕事を変えたい」、二つ目は「今やっている仕事をソーシャルビジネスというスタイルに変えるのではなく、社会貢献の要素を入れてやれないか」、三つ目は「我々にはソーシャルビジネスはやれない（その理由として挙がったのは、これまでやってこなかったからうちの会社では無理）」である。

このベテラン、管理職に質問を変えて「若者はソーシャルビジネスについてどういう想いを持っていると思うか」と聞くと「若者はやりたいと思っている」が大半であった。一緒に働いていく中で、若者たちが「ソーシャルビジネスで社会貢献したい」という働くニーズを持っていることを感じている。そしてその「想い」は能力の高い若者ほど強いと直感している。

「ゆっくりと」を「一気に」進めるきっかけがGX

若者の声を聞いて回っている新しい社長たちは、きっとこの若者の働くニーズをもう感じていると思う。そして自社の事業について、仕事そのものをソーシャルビジネスにすぐには変えられなくても、せめて今の仕事が社会貢献をしていることを感じてもらい、ゆっくりと（今稼いでいる仕事を全部やめるわけにはいかないので）ソーシャルビジネスを増やしていこうと考えているのだと思う（はっきりと聞いたわけではないが）。

このゆっくりと進めていくソーシャルビジネスを担っていくのは、無論、今の経営トップを含めたベテランではなく、能力が高く、より社会貢献事業へのニーズの高い若者しかいない。

そしてこの「社会貢献をゆっくりと」という改善スタイルから、「思い切って」という変革にチャレンジするトリガーが、社会が望むソーシャルビジネス、GXだと思う。

経営者がGXの意思を持ったら、これを「ストック投資」というはっきりした目に見える形で若者たちに見せ、「我が社もこれからは思い切ってGXをやっていく」という心意気を見せてほしい。そして若者たちの心をつかみ、彼らにＧＸへの期待感を持たせてほしい。

その好例が、前述した高砂熱学工業のイノベーションセンターの設立である。

２０２０年1月にグリーンボンドを活用して完成したイノベーションセンターは、同社の戦略テーマであるＺＥＢ（ゼブ）の実現を目指し、再生可能エネルギー、カーボン・ニュートラルといったＧＸの実験を進めることがその目的である。

ＺＥＢは net Zero Energy Building の略で、「建物内の環境を快適にしながらも、建物で消費する年間の1次エネルギーベースの収支をゼロにすること」を目指した建物である。

ここに、研究開発や事業開発のチームを集結させた。高砂は現在の主力ビジネスである空調設備工事事業を発展させて、ＧＸ・環境・エネルギービジネスという戦略的事業へと進化させることを考えている。そのための実証実験の場としてこの施設を活用しようとしている。

このＺＥＢのイノベーションセンターについて、私がセミナーで高砂の従業員に意見を聞くと、若者、ベテランを問わずほとんどの人が強い期待を抱いていることがわかる。そして、社内のムードも大きく変わったと感じる。不安、危機感という暗さから、期待、夢という明るさへのチェンジである。

このチェンジのきっかけとなるのは、GXストックへの思い切った投資だと思う。

私が本書を書こうと思った理由

私がこの本を書こうと思った理由はここにある。

その第一は経営者を含めた社会全体に「若者たちがGXをビジネスとしてやりたいと思っていること」をわかってほしいからである。「能力が高い若者」（仕事を選ぶ権利を持っている）はカネ（給与）よりも出世よりも仕事を見つめている。そしてその仕事の中で「社会貢献」をその魅力度のトップに挙げ、GXへチャレンジしたいと願っている。

もう一つはこのGXをやりたい若者たちに「自分たちがこれまで稼いできたカネを使って、君たちの手で、未来の地球のためにGXをやってくれ」という想いを持っている経営者がいることを知ってもらいたいからである。私が付き合っている経営者たちはソーシャルビジネス、GXについて話をすると、異口同音に「若者にやらせたい」と言い、その障壁に投資家、ファンドを挙げる。そしてこの障壁も国のサポート、ESGで取り払われようとしている。

GXは経営者と若者のエンゲージメントという対話にかかっている。しかも、働き方改革を通してその土台はできている。そして、その想いも一致している。後は経営者の決断だけである。

本項のまとめ

・働き方改革はエンゲージメントという経営者と若者の対話と約束を生んだ。
・エンゲージメントは若者が社会のためにGXを仕事としてやりたいという気持ちを持っていることを経営者へ教えてくれた。
・GXの障害、抵抗は消えつつある。後は経営者の「思い切ってやる」という意思決定だけである。

Section 5

GXとDXはセットである

GX、DXの違いは「ベクトル」と「抵抗勢力の有無」

DX（Digital transformation）はデジタルで社会（企業、仕事、人を含めて）を変えていくという考え方である。このDXという言葉の「X（変革）」を流用し、GXという言葉が生まれた。

DXを目指すゴールがGXにあること、そしてGXにはDXがなくてはならない手段だということを、社会全体が感じ始めている。国の政策でもGXとDXはセットで同一分野となっている。デジタルとグリーンで「社会を変革する」というものである。

しかしGXとDXは、Xとして進むベクトルが異なっている。GXは、人間が作った工業製品、機械などが生んでしまったゴミを取り払い、これから先はゴミをなくすように変えていこうという「軌道修正」である。一方、DXは人間が生み出したデジタルという技術を、もっとパワーアップして進めていこうという「さらなる推進」である。

GXには多くの抵抗勢力がいるのに対して、DXの抵抗勢力はもはや少ない。GXは「儲からない」と反論できても、DXに抵抗する理由は見つけられないからである。見方を変えればGXには、DXよりも抵抗を打ち破るより大きなパワーが求められる。

数字が社会を変える＝DX

DXのD、デジタルとは、もともとは10本の指（＝digit）を指すものであり、エネルギーとともに人類が生み出した最大の技術といえる「数字」のことだ。

デジタル＝「数字」は、現実の世界（リアルと表現する）に存在するものではなく、人間が生み出した仮想の世界（バーチャルと表現する）である。デジタル化とはリアルを数字によってバーチャル化していくことである。DXとはデジタル化によって生まれたバーチャルを使って、社会を変えていくことである。

人類はこの数字の使い方を天才たちが数学として理論化した。この数学こそがデジタル技術の出発点である。

この数字は無論、ビジネスにも使われる。最初は「カネの計算」（会計）であり、その結果をビジネスに使う「カネの統計」（集計・分析）である。

この数字に「微分・積分」という数学革命が起こる。

微分は連続しているものを「小さく切る」という意味で、「瞬間」のトレンドを見るものである。積分はこれを「連続」に戻すことで、そのトレンドの合計を見るものである（詳しくは拙著『微分・積分を知らずに経営を語るな』〈PHP新書〉を読んでほしい）。

ここに数字の「連続」と「瞬間」という考え方が生まれる。前者をアナログ、後者をデジタル（1、2、3のような数字に切れるもの）という区別がなされる。リアルはアナログで（連続して）存在するものであり、人工的にデジタルにする（デジタル化）という考え方である。

三つのデジタル化とGX

その後、デジタル化という数字の活用はビジネスにおいて三つの分野で進められていく。

その第一がコンピュータである。コンピュータは数字（デジタル）しか理解できない。そこで「文字」や「仕事のやり方」を人間が数字で表現してコンピュータに伝える。前者がデータ、後者がプログラムである。この二つの組み合わせで人間がやっていた煩わしい仕事は次第にコンピュータ化されていく。

さらには、このコンピュータ化によって生まれたデータを「別の仕事」に使うようになる。そうなると仕事と仕事をつなぐことが必要となり、ネットワークが生まれる。この「別の仕事」に使うデータを「情報」（information）と呼び、ここにＩＴ（Information Technology）。情報技術＝データを情報にして使う技術）という技術が生まれる。

一方、これとはまったく異なる二つの世界でもデジタル化は進む。

一つは動画、音声、文章というコンテンツ・ビジネスの世界である。このデジタル化で遠くにいても、ネットワークを使えば時を越えて（つまりいつでも）コンテンツを再現することができる。これがデジタル・コンテンツである。これを利用するものとしてスマホが生まれ、オールド・メディアのテレビもアナログからデジタルへと変わる。

もう一つが計測・制御という世界である。実はコンピュータよりも早くデジタル化されたものである。つまりデジタル化の本家本元である。

わかりやすいのが、ＧＸのルーツとも言える空調の世界である。これは空気の状態というリアルを、温度という数字に変え（＝デジタル化し）、この空気の温度を調整（制御という）するものである。

この計測・制御という世界はコンピュータと融合され、制御はコンピュータが行うものとなる。残った「計測」はデジタル・コンテンツと融合し、センシングと呼ばれるようになる。空気のセンシング（温度、カーボンなど）、画像のセンシング（カメラ、スキャナーなど）といったものである。

この空気のセンシングから、ＧＸとデジタルは結びついていく。それは空気の中のカーボンを削減するためには、カーボンの「量」という「数字」をセンシングしなくてはならないからである。そしてこの「削減」という制御には、コンピュータ＝ＩＴというＤＸツールが使われる。

こうしてＧＸの技術は「センシング＋ＩＴ」がその基本となる。前述のアズビルのビジネスなどがその代表である（アズビルでは「センシング＋ＩＴ」をオートメーションと呼んでいる）。

このＩＴ、デジタル・コンテンツ、計測と制御という三つのデジタル化が融合し、ＤＸ

という考え方、というよりテーマ（デジタルで社会を変える）を生む。

ドイツがアメリカに勝つための「インダストリー４・０」

インターネットビジネスという巨大バブルビジネスは、ＧＡＦＡを中心としたアメリカの圧勝で終わる。

ここで完敗したヨーロッパはアメリカへの対抗事業を考える。それはアメリカが実はこれまで連戦連敗してきた「モノを作る事業」、つまり製造業である。その主役となるのは、日本と同様に戦後に工業立国したＥＵの産業リーダー・ドイツである。

ドイツは２０１１年に「インダストリー４・０」というキーワードを掲げた。

当時、ドイツのＳＡＰ社が企業向けソフトウェアの世界チャンピオンとなっていた。ここでソフトウェアに続いて機械という企業向けハードウェアで勝つための国家戦略を立案した。

具体的には国内（さらにはＥＵ内）のメーカーで動くすべての機械をネットワーク化（機械と機械をつなぐ）することで、ドイツ（ＥＵ）全体のグローバルにおける競争優位性を高めようというものである。つまりインターネット王者アメリカに、機械ネットワークで勝つという国家戦略である。

ドイツが考えたのは、世にあるすべての「機械」をアメリカが生み出したインターネットの技術（Ｗｅｂ技術という）でつないでしまうというものである。世界中の機械がつながれば、生産の分担がフレキシブルにできる。つまり真のグローバル・バリューチェーンが完成する。

これは後に、そのつなぐ範囲を「機械」のみならず、モノ全体に広げて考えるようになり、ＩｏＴ（Internet of Things）と呼ばれるようになる。「モノをインターネットにつなぐ」という発想である。これまでパソコン、スマホしかつながらなかったインターネットに、機械、自動車（前述のＣＡＳＥ）、建物、さまざまな製品、さらにはヒトをもつないでしまおうという考え方である。

ドイツの機械ネットワークがインターネットにつながっていくと、アメリカの機械ともつながることになる。そして、ドイツの機械ネットワークが世界の中心となり、これをＩｏＴへと進化させていく。

「個人向けのインターネット」ではＧＡＦＡに負けたが、ＩｏＴというもっとサイズの大きい「モノのインターネット」（ヒトよりもモノのほうが数が多い）では勝とうというものである。スマホが携帯電話、カメラなどあらゆるモノを飲み込んでいったシーンの再現を夢見ている。

オープンか？　クローズドか？

ＩｏＴではオープン、クローズドという概念が注目される。

インターネットそのものは〝オープン〟であり、誰でも自由につなぐことができる。ＧＡＦＡはこのオープンな世界に〝クローズド〟な世界（ＧＡＦＡの世界）を作ることで圧勝した。

ドイツのＩｏＴは競争を勝ち抜くためのものであり、自ずとクローズドとなる。つまりインターネットを使って、すべてのモノをドイツのクローズド・ネットワークに飲み込むという発想である。

ここにプラットフォーム／アプリケーションという概念が生まれる。簡単に言えば「つなげる」と「つながった後に使う」に分けて考えることである。前者をプラットフォーム、後者をアプリケーションという。

スマホであればスマホ自身がプラットフォーム、「ゲームやカメラなどのアプリ」がアプリケーションである。GAFAが圧勝したのは、このプラットフォーム（つなぐ所）を押さえたからである。だから彼らのことをプラットフォーマーと呼ぶ。

ドイツは官民一体でIoTのプラットフォームを作り、これを世界中が使うことで国際競争力を高めようとしている。このナショナル・プラットフォーム（ドイツ製で、皆がここにつなぐ）作りこそが、インダストリー4・0という戦略の骨格である。

このIoTプラットフォームに乗るアプリケーション（つながった後にやる仕事）として注目されているのが、EUの国家戦略であるGXである。

IoTという世界中のモノがつながったネットワーク・プラットフォームで、「カーボン・ニュートラル」のためにカーボンの量を測定し、コントロールしていくというものである。カーボンを発するモノ（建物、機械など）がつながっていれば国、そして地球としてカーボンをコントロールすること（＝GXアプリケーション）が可能になる。そしてこれを支配するのは、ドイツがコントロールできるプラットフォームという「つなぐもの」である。

ドイツのＤＸ戦略はクローズド・プラットフォームによる「勝利」である。一方、後述する日本のＤＸ戦略はオープン・プラットフォームによる「協創」である。

アメリカも一度はＧＸを意識するも……

一方、これに遅れること1年、アメリカでもこのプラットフォーム作りへのチャレンジが始まる。アメリカらしく官主導ではなく民主導である。２０１２年にＧＥが提唱した「インダストリアル・インターネット」がそれである。

これは、ドイツのようにクローズドではなくオープンである。先行されたクローズドに一人勝ちさせないためには、オープン（皆で戦う）しかない。つまりドイツのナショナル・プラットフォームに皆がつなぐのではなく、誰のものでもない社会が共有するプラットフォームでつなぐというものである。オープン・プラットフォームは競争の武器ではなく、協創の場である。

ＧＥの掛け声に、アメリカのＧＡＦＡ以外のＩＴ系の前世界チャンピオンが集まる。インテル、シスコシステムズ、ＩＢＭ、ＡＴ＆Ｔなどである。彼らは「自分たちの事業がＧ

ＡＦＡというクローズド・ネットワークに吸い取られるのでは」という共通の恐怖を抱えていた。

これらの企業が集まってコンソーシアム（共同事業体）を組んだ。これは仕事を一緒にやるバリューチェーンではなく、新しい仕事を考えるための共同研究チームである。ＧＸでもまず最初に求められるチームである。

このＤＸオープンチームは「つなぐ」＝プラットフォームよりも（ここでは勝たないと決めたので）、そのつないだ後の「データ」に着目する。つまりデータで勝ち抜くということである。

彼らの顧客であった世界中の製造業から生じるデータが、環境、エネルギーという「次世代の事業」に有効であることを直感したのだ。つまりＧＡＦＡの持つビッグデータ（主に個人が持つ大量のデータ）によって影が薄くなってしまったＩＴ系のアメリカメーカーたちが、協力して新しいデータ（企業データ、事業データ）を作り、新しい事業を作っていこうというものである。

これがＧＥが考えたインダストリアル・インターネットというビジネスモデルである。彼らはこれを進めていく中で、これまで儲からないと思ってあまり手を出してこなかった

「社会」という新しいマーケットに着目し、省エネ、環境といったソーシャルデータの収集にチャレンジしていこうと考える。

しかし、実際のビジネス・プランニングの段階になるとこれが前へ進まない。省エネビジネスは事業としては too small であり、環境ビジネスに関しては、アメリカという国家だけではなく、投資家の反応が芳しくない。

そこでこのコンソーシアムは、データそのものではなく、データを利用する技術に着目する。それが今大騒ぎしているＡＩ（Artificial Intelligence：人工知能：人間の頭脳を機械で実現する）である。

このＡＩには投資家たちが強く反応する。これなら「勝てそう」「世界チャンピオンになれそう」ということである。こうしてアメリカの投資マネーはＡＩに流れ、そのカネによってＤＸの中核技術として確立し、ビジネスへの実装化（具体的な使い方）の目途が立ってきた。しかし、彼らは環境・エネルギーというテーマに興味を示さなかったことで、ＧＸには完全に乗り遅れてしまう。

ＤＸマーケットでの争いは、ここに今や世界一の大国となった中国が参戦し、三つ巴《どもえ》の戦いとなっている。中国は「相手の動きを見ながら」という後出しの利を生かして、ナシヨナル・プラットフォーム、ＡＩの二つの世界チャンピオンを目指す。ただ「ここにＧＸアプリケーションを乗せる」ということは、アメリカと同様の理由（儲かりそうもない）で考えられない。

これが、世界のＤＸマーケットを取り巻く現状である。

ＤＸに日本の強みであるアニメとゲームを生かす

では、日本国はＤＸ戦略としてどのようなものを考えているのだろうか。

日本も中国と同様に、この手のことではいつも後出しである。日本はこれまでこの「後出し」で、家電、自動車、半導体、産業用ロボットと圧勝してきた。その原動力は「モノを作る力」であった。唯一完敗したのがＧＡＦＡの Winner takes all（一人勝ち）となったＩＴビジネスという、「モノを作る力」を必要としないものである。

日本はこのＤＸ戦略において、この「モノを作る力」から生まれた「日本の新しい強み」を生かそうとしている。それが、日本が世界チャンピオンとなった「アニメ、ゲーム」というアミューズメント・ビジネスである。

日本は安倍元首相の時代から、DXを官民一体で進めていた。そして前述のような背景から、二つの戦略を打ち出す。

一つはメタバースである。メタバースとはアニメ、ゲームの世界から生まれたもので、リアルの世界とは違う「新しいバーチャルな世界」を作って、そこで生活したり、楽しんだりしようというものだ。

日本政府は2015年に、CPS（サイバー・フィジカル・システム）というキーワードを国内外に訴える。CPSはサイバー空間（デジタル世界＝バーチャル世界）にフィジカル空間（リアル世界）の情報を取り込むことで、両者を有機的に結び付けていこうというものである。

CPSの最初はデジタルツインという発想であった。デジタルツインとは、リアルとバーチャルの「双子（ツイン）」という意味であり、リアル・ワールドをバーチャル・ワールドにコピーするというものである。

ここにDXの新しい動きが生まれる。「モノをネットワーク化する」（ヨーロッパ）、「データを活用する」（アメリカ）というスタイルに「デジタルでバーチャル・ワールドを作る」というモデルを加えるものだ。

日本はこのバーチャル・ワールドでは他国を大きくリードしていた。これはＩＴの世界ではなくデジタル・コンテンツの世界である。日本はアニメ（バーチャル・コンテンツを作る）やコンピュータゲーム（バーチャルで遊ぶ）では常に世界をリードしてきた。

このデジタルツインの発想を変えるものが生まれる。２０１６年にヒットした「ポケモンＧＯ」である。ここで使われていたのはＡＲ（Augmented Reality：拡張現実）というものだ。これは現実の世界をコピー（デジタルツイン）するだけではなく、ここに現実の世界にはないものを追加していくという技術である。

リアルの世界をセンシングしてスマホのカメラで写すと、バーチャル・ワールドにポケモンというキャラクターが現われ、ゲームが楽しめるというものだ。つまり現実をコピー（デジタルツイン）するだけではなく、新しいバーチャル・ワールドを作る。これがメタバースだ。

メタ（超越した）とユニバース（宇宙）を組み合わせた造語である。フェイスブック社がメタと社名を変えたことで、メタバースはＤＸの世界で一気に注目される。フェイスブックの改名は、ＳＮＳという「おしゃべり広場」を、メタバースという「楽しいバーチャル空間」に変えるという宣言である。

このメタバースというバーチャル空間で、日本が着目するのがＧＸである。バーチャル・ワールドではタイムマシンのように時間を進めることもできる。ここで２０５０年の世界をシミュレーションしていけば、カーボン・ニュートラルの道が見える。

従来から考えられていたスマートシティ（都市のデジタル化）といったリアルの世界とともに、バーチャル・ワールドを作ることで、２０５０年、２１００年のバーチャル地球を〝今〟創ろうとするものである。

ＢＩＭでＧＸをシミュレーション

建設業界では今、ＢＩＭ（Building Information Modeling）というＤＸツールが注目されている。

建物の建築ではまず図面を作成する。この図面の作成ではかなり以前からコンピュータが使われていた。ＣＡＤ（Computer Aided Design）と呼ばれるもので、最初は2次元（紙）の世界であった。これをバーチャル空間（３次元）上に作ろうというもの（３ＤＣＡ

D）が生まれた。つまり建物ができる前にバーチャル空間に建物を作ってしまおうというものである。
そして、このバーチャル建物にいろいろな情報を付け足していくようにした。これがBIMである。

BIMは、バーチャル建物の中に建設資材、壁、床、設備の情報、建設時に発生した情報（作るためのコスト、時間、人手など）、さらには建物ができあがってからの情報（住みごこち、エネルギー消費、メンテナンスなど）といった建物に関するあらゆる情報を付け足そうというものである。つまり建物と情報のマッチングである。

このBIMもメタバースとなっていく。BIMをデータベース（データを皆で共有する）というITのワールドから、「その建物にアバターというバーチャルキャラクターが住んでみる」といったゲームワールドへと変化させる。アバターはもともとはバーチャルワールドにいる自分自身という意味で使っていたが、メタバースの世界ではそれだけではなく、バーチャルキャラクター（仮想の人物）も含めてそう呼んでいる。

このメタバース・BIMがGXのツールとして注目される。建物へ実際に人が住む前に、アバターが住んでみてエネルギー使用量、カーボン発生量などをシミュレーションするといったことである。

この「バーチャル建物で生活する」というアイデアは、働き方改革にも生かされる。テレワーク（離れて仕事をする）からメタバースワーク（アバターを使ってバーチャル空間に集まって協働する）へ、というものである。

こうしてDXとGXは日本国で完全に合体する。これが日本におけるGX／DXのテクノロジー戦略となっていく。

ソニーにつないでほしいリアルとバーチャル

ただ、日本ではゲーム・アニメというアミューズメント産業は、他の産業とは分離されている。そのため、DX／GXを進める一般企業では、メタバースという自分たちが従来持っていた技術とは完全にかけ離れたものを、なかなか取り入れることができない。

しかし、日本には従来型のメーカーからこのゲーム・アニメ事業に参入した企業が1社だけある。ソニーである。ソニーはこの強みを生かして、メタバースのインフラ技術である画像センサー（リアルをバーチャルに写すカメラ）ではトップシェアを誇っている。

このソニーを媒介として、日本ではゲーム・アニメ業界とオールド業界の水平アライアンスがゆっくりと進んでいる。

たとえばコマツとソニーのアライアンスである。コマツは建設機械で国内1位、世界2位の老舗巨大メーカーである。コマツはDXなどまだ生まれていなかった時代に、建設機械に通信機を付けてネットワーク化し（要するにIoT）、国内マーケットで圧勝した。日本ではIoTのトップランナーとして有名である。

このコマツがDXへ進んでいく中で、どうしても取り入れることができなかったのがメタバースの技術である。つまりバーチャル・ワールドで建設機械をオペレーションするといったことを実現する技術である。これができればオフィスで建設工事を行うことや、バーチャル・ワールドで出荷前の建設機械の使い勝手などを試すことも可能となる。

コマツは業界ナンバーワン、かつ競争志向が強いため、これまで他社と手を握ることはあまりなかった。しかし2021年、コマツはソニー、NTTドコモらとともにEARTHBRAINという建設業界のDX会社を設立し、異業種との水平バリューチェーンを組んだ。ここでソニーに求めたのは家電ではなく、メタバース技術である。

オープン・プラットフォームにGXアプリケーションを乗せる

日本としてのもう一つのDX／GX戦略はオープン・プラットフォームである。DXの基本は前述のように、アプリケーションとプラットフォームに分けて考えることである。デジタル化された世界はそれぞれの企業、人が作っていく。この部分がアプリケーションである。このアプリケーションをつなぐものがプラットフォームである。

前述のBIMで作った建物ワールドと、コマツの考える建設現場ワールドという二つのアプリケーションをつなぐ仕組がプラットフォームである。このプラットフォームにはGX／カーボン・ニュートラルというアプリケーションを乗せることができる。つまり建物を作るために現場で生まれたカーボンと、建物を利用することでこれから生まれてくるカーボンを合算して、全体としての削減の道を探るといったことである。

このプラットフォームには前述のようにオープン、クローズドという二つの道がある。誰とでも（ライバルとでも）フラットにつながるか、限られたメンバー（ライバルは入れない）だけでつながるか。

日本のプラットフォームのベクトルは、GXのスタンスからして国際競争よりも国際協調である。先行のクローズドによる「勝利」より、後出しのオープン・プラットフォームによる「協創」である。

このオープン・プラットフォームで動くアプリケーションの中心は、メタバースを使った「仮想の地球」である。「仮想の地球」というアプリケーションでは、バーチャルなだけに2050年、2100年の地球をシミュレーションすることができる。それだけではなく、カーボン・ニュートラルとなった地球で生活する子供たちの姿を描くこともできる。これこそが今のGXという人類の夢であり、この夢をGX／DXで実現していくという希望が生まれる。このGX&DXのグローバルリーダーとなっていくのが、日本国の基本戦略と考えられる。

このメタバースというアプリケーションの中心企業は、どう考えてもソニーである。ソニーにはメタバースで皆が共通に使える技術をオープンにして他社へも提供してほしい。

ソニーは日米の間で揺れ動いており、この日本の国家戦略にどれほど乗ってくるかは未知数だ。しかし、かつてソニーは、Ｓｕｉｃａなどの電子マネーのプラットフォームとなるＦｅｌｉＣａという技術を開発した際に、自社だけで使おうとはせず、他社へもオープンにした。そのため皆がこれを使い、日本は電子マネーで諸外国とも対等以上に戦っている。このオープン・プラットフォームの再現をぜひ、ソニーには期待したい。

GXでは各企業のデータをオープンにすることが必要

このオープン・プラットフォームでのGXアプリケーションの課題は「データ」である。GXデータは、カーボンなどの発生源である各企業が個別に持っている。そしてこのデータを利用して、さまざまなソリューションサービスが行われている。これをオープンに（皆で使えるように）してもらわないと、GXは進まない。

カーボン・ニュートラルのために国が排出量をコントロールするには、そのデータを集めなくてはならないし、集める数字のフェアさを担保（前述のカーボン・プライシングなど）しなくてはならない。だからといってこれを「1カ所に集めて」というわけにもいかない。そんな力は日本国にはない。

だから各企業が同じプラットフォームを持ってつなぐようにするしかない。つまりオープン・プラットフォームが求められる。このオープン・プラットフォームは、「持っているものを、別のものにつなぐ」という、いわゆるアダプターのような感じである。

このオープン・プラットフォーム作りに手を挙げたのが後述する日立である。日立はこのオープン・プラットフォームとしてルマーダ（「データに光をあてる」という意味）というアダプターを発表した。このアダプターで各自のデータを皆で使えるようにするというものである。

クローズド・データで勝つという甘い誘惑

このＧＸデータのオープンには大きな壁がある。それはこのデータをこれまで多くの企業が「自社の強み」と考えてクローズド（他社には見せない）としてきたからである。

自らが持っていてライバルには手に入らないデータは、強力な差別化要因になる。

これを世に知らしめたのが前述のＧＡＦＡであり、その典型がＧｏｏｇｌｅである。利用者が検索した結果から得られたデータを用いたターゲット広告（企業から見て打つべき広告を打つべき人に打つ）など、さまざまな事業を展開してきた。

ＧＸのためのエネルギーや環境のデータも同様である。

たとえば、計測・制御というビジネスにおいては、対象物をセンシング（計測）して得られたデータは極めて戦略的なものとなる。

空調の世界では、ビル内の各部屋の空調機を中央で一括制御して、ビル全体の最適空調を図るということがなされている。ここでは計測・制御に伴い、中央にセンシングデータ（温度）、制御データ（温度調整のプロセス、結果）がたまっていく。このデータを使って、同じ制御結果を得る中で最もエネルギー消費が小さいものを選択する。こうすることでエネルギーも制御できる。

温度、エネルギーだけではなく空気の〝きれいさ〟などをセンシングすれば、「グリーンエア」を作ることもできる。さらにこれを「建物の中の中央」ではなく、「建物を越えた中央」（多くの建物を1カ所で制御）にすると、データ量が格段に増えてもっと効果が上がる。これがクラウドサービスである。

こうなると計測・制御企業はメーカーからサービス業（温度調整、省エネ、グリーンといった顧客の課題を解決するサービス）へと変身していく。これが本書で何度も登場したソリューションビジネスである。

このソリューションビジネスのポイントは制御技術ではなく、「得られるデータの質と量」にある。つまり、このクローズド・データはビジネスの戦略的な要因（強み）となる。これをライバルはもちろん、顧客にさえも見せないようにすれば、その顧客が自社に仕事、サービスを発注し続けなくてはならない状態を作ることができる。これがいわゆる「囲い込み」であり、企業が自由競争をしていればソリューションビジネスが自然に向かっていく道である。

マイクロソフトのWindowsをイメージするとわかりやすい。一度使ってしまうとそこにデータがたまってしまい、どんなにひどくても使い続けざるを得ない。囲い込みはライバルへのリプレースを阻止することができる強烈な戦略である。

このクローズド・ソリューションビジネスは、オープンを必要とするGXが越えなければならない大きな壁となる。

囲い込みは許さない、オープンに

国家のGX戦略を考えるにあたっては、このクローズド・データをどうやってオープン、つまりソーシャルデータにしていくかがポイントとなる。ソーシャルデータは社会のメンバーが自由に使えるデータという意味である。

このクローズド・データつぶしに真っ先に手を打ったのがEUである。ただ、それは「クローズド・データをオープンなソーシャルデータとして皆が使えるように」というものではなく、アメリカ・GAFAのヨーロッパ進出をくい止めるというものである。それがGAFA対策として有名なGDPR（EU一般データ保護規則）である。

これは従来からあった「個人に関するデータの保護ルール」（日本の個人情報保護法にあたる）をより厳しくし、EUに居住する人の個人データは企業が基本的には使うことができない（！）というものである。規制される企業はEUにいる個人のデータを使おうとする世界中の企業とし、対象は「個人データすべて」という規制である。

こうなるとGAFAはその武器であるモニタリングデータ（何を検索したのか、何を買ったのかなど）をEUの人には使うことができなくなる。はっきり言えばGAFAのヨーロッパからの締め出しである。

それに対して日本では、個人情報保護法の強化よりも、この「企業のデータの使い方の規制」をヒントに、法整備によるデータのオープン化、ソーシャル化にチャレンジしていく。

まず行ったのは、「データは誰のものか」について、はっきりさせることである。現在の法ではここが極めてファジーなのであるが、「データはそれを発生させたヒトのもの」という方向での法整備を進めている。ここでの「ヒト」は個人だけでなく法人（企業など）も含まれる。

たとえばA社がXメーカーから機械を買った時、この機械を使うことで生まれるさまざまなデータ（機械の使用状況、機械がセンシングなどで生み出したデータなど）はすべてユーザーであるA社のものであり、Xメーカーのものではない。仮にXメーカーがA社に代わってこのデータを収集していても、A社に関わるデータはすべてA社のものである。したがってXメーカーがそのデータを使用する時は、A社の承諾が必要となる。

二つ目のテーマは、クローズド・データの独占に関する規制、つまりソリューションビジネスの囲い込みの壁を取り払うことである。これには従来からある独占禁止法(独禁法)を適用する。この法律ではさまざまな不公正取引を挙げているが、ここに先ほどの「囲い込みの禁止」を入れる。

独禁法のお目付け役である公正取引委員会は、不公正取引の例として「マンションのエレベーターの保守・点検業務を新規業者に切り替えられないように、既存の保守業者が点検データを使う」ことを例示した（ここまで具体的に書いたのは、これをやっている企業がいたためである）。この「囲い込み」をやれば違法行為であり、談合事件のように犯罪として摘発される。

これは囲い込み型ソリューションビジネスによってトップシェアとなった企業に極めて大きなインパクトを与えた。ここには「データで囲い込みはできないのだからオープンにしろ」という国の強い意志を感じる。

ソーシャルデータは社会が使えるようにする

三つ目のテーマがソーシャルデータに関することである。ここで日本国としては「社会全体に有益なデータ（＝ソーシャルデータ）は、所有者が誰であろうと所有者の同意なく（！）、社会（官）が使用できるデータとする」と決めた。ソーシャルデータとプライベートデータに分け、ソーシャルデータは「社会のもの」というルールを作るものである。

ソーシャルデータについて、まず国は、国のコントロール下にある医療ビジネスから手を付けた。具体的には医療機関が持っている患者データ（カルテという形で各病院などが持っているクローズド・データ）を医療機関、さらには患者の同意なしで集め、国として使える仕組とした。

そのために国は「病院に電子カルテを入れなさい」（そうしないとデータを吸い上げられない）、「健康保険証をマイナンバーカードで」といったことを進めている。このマイナンバーカードをプラットフォーム（アダプター）として、各病院などにある個人の健康データなどをソーシャルデータとして国が使える仕組を作るものである。

そして次がいよいよ本丸の環境・エネルギーデータである。こちらは個人よりも強烈なパワーで進める必要がある。企業はこのデータを財産だと認識しているからである。この財産の没収は難事業であるが、GXという「地球のために」「日本のために」を大義名分として強引に進めていくだろう。

GXにはオープン・プラットフォームが必要

GXデータに関し、国は今でも一部は「報告」（カーボンの削減量など）という形でデータを集めているが、そこには「結果」というデータしかない。カーボン・ニュートラルにおいて、その結果を見ているだけでは規制はできても、「どうやって減らすか」という策は見えない。GXデータについて、そのプロセス（どのように発生したか、なぜ発生したかなど）を「報告」するのではなく、「オープン」にする（誰でも見られるようにする）必要がある。

日本中の企業から全部報告されても、そんな大量のデータを入れる器がない。各企業にオープンにしてもらって、いつでも自由に見られるようにしてもらうしかない。

こうしてオープンとなったソーシャルデータをベースに、官民一体でGXを進めていくというのが日本としての戦略である。

これをやるためには、どうしても必要となるのが個人のマイナンバーカードにあたる「事業・企業向けのオープン・プラットフォーム」である。各企業にマイナンバーカードのようなオープン・プラットフォーム（アダプター）を置いてもらい、誰でもDXデータを見られるようにすることである。

さらには、これをプラットフォーム戦争をしている欧・米・中にも使ってもらい、「世界中がデータを共有し、国際競争はアプリケーション（カーボン・ニュートラルの実現など）でやろう」というのが、日本の提案である。

このオープン・プラットフォームという「どこから見ても儲かりそうもない事業」、というよりも「儲けるためではなく社会貢献のためにやる事業」に、民間企業として手を挙げたのが、日本のDX／GXリーダーの日立である。

ここで、その日立をケーススタディとして見ていこう。

日立のケーススタディ

公共事業のための下請工場として誕生

日立製作所（以下「日立」）はそもそも、社会インフラを官に代わって作る会社として設立された。つまり公共事業のための国の下請工場である。

日立のミッションは「技術の日立」である。日立の技術は品質（こわれない、トラブルを起こさない）が基本である。これが公共事業の最重要テーマである「安全」を支えることになる。

日立の強みは「自社の独自品質技術」であり、かつては他社と決して提携しないため「野武士日立」と呼ばれた。

技術の日立にとっては技術者がすべてであり、この人たちが技術単位に工場というチームを組む。各工場は完全な独立採算制、つまり実質的には別会社である。さらには、新しい事業へ進出する際には法律上もこの工場を別会社とする。日立金属、日立電線、日立化成……といった子会社である。日立のグループ会社は１０００社を超え、グループ従業員は30万人を超えた。

日立本体における実質的経営者は各工場のトップである工場長である。本社もあることはあるが、協同組合の事務局のようなものである。

実質的な経営者である工場長は、他の上場企業の経営者とは異なり、業績にはあまり興味を示さず、ましてや株価などは「何それ」という感じである。私も日立で働いていたが、「カネの話をするのは卑しい」というムードがあった。こう考えてみると、日立はそもそもソーシャルビジネスをずっとやってきた。

そんな日立だが、１９９０年代初頭のバブル崩壊とともに業績は低迷する。その要因は二つのプライベートビジネスにある。一つはシステム開発という巨大なフロービジネスが終わったことである。もう一つは半導体事業というストックビジネスが惨敗したことである。

ここに日立は創業以来の危機を迎えることになる。世間では「日立デフォルト説」（デフォルト＝倒産）がまことしやかに流される。

しかし、新幹線、水道、電力、ガス、通信機器といった社会インフラを手がける日立をつぶすわけにはいかない。この時、国は日立を何があっても救うと宣言した。この宣言によって日立は周りからのデフォルト不安（つぶれそうな企業とは取引しない）を払拭でき、立ち直った。

今、日立がGX・ソーシャルビジネスを手がけようとしているのは、日立が創業当初から社会インフラ事業を手がけていたことももちろんだが、国に救ってもらったという恩義からでもあるだろう。前述のように、やはり国に救ってもらった建設業界のリーダーであるゼネコンもこの想いを共有し、GX／DXの抵抗勢力からそのリーダーへと変身してほしい。

ピンチを経て事業再編へ

日立はこのピンチに事業の再編成に入る。事業の中心はそのルーツである社会インフラ事業だが、もう一つの柱となっていたIT事業をどう考えるかがポイントであった。日立をデフォルト寸前まで追い込んだ張本人は、半導体を含めたIT事業である。しかしITビジネスはネットワークをはじめ今や社会のインフラとなっており、ソーシャルビジネスの側面も持っている。ただ、GAFAに代表されるように、自由競争社会の中でITのインフラはクローズドとなり、逆に社会利益が損なわれている。

そうなると日立がなすべきことは、社会のためのオープンなITインフラを作ることである。これがオープン・プラットフォームである。

日立はパソコン、スマホ、半導体というライバルとの競争事業からはすべて撤退し、ITもソーシャルビジネスだけに絞り込んでいく。

この日立の変革をリードしたのが、故中西宏明社長である。彼も団塊の世代であり、変革の旗手である。

中西は歴代の日立のトップが拒み続けた経団連の会長となる。ここで彼は日本企業を「競争から協創へ」と導いていく。この協創の最大のテーマが社会のニーズであり、国の願いでもあるＧＸである。

この中西の後を継いで日立のトップに立ったのが東原敏昭であり、彼が協創のシンボルとしてルマーダというオープン・プラットフォーム戦略を訴える。

ルマーダが社会のデータをつなぐ

ルマーダは具体的な製品名ではなく「考え方」である。その原点は「さまざまな企業の仕事によって生まれたデータを、社会のメンバーがネットワーク化して共有し、これを皆で使おう」というものである。つまりデータをつなぐアダプターである。

ルマーダという名称は、パソコン、サーバーといった普通名詞と同じものである。パソコン（パーソナルコンピュータ）とは個人で使うコンピュータであり、サーバーはパソコンが共同使用するコンピュータのことである。そしてパソコン、サーバーにはいろいろな製品がある。

ルマーダは「データをつなぐアダプター」というもので、その具体的な姿としては、前述のサーバー、クラウド（インターネット上のコンピュータのようなもの）といったものが使われる。

日立はこのルマーダの特徴として四つのことを発表している。

一つは「このプラットフォームに利用者がいろいろなアプリケーションを自由に乗せてほしい」ということである。顧客は無論のことライバル企業であっても自由にアプリケーション（スマホのアプリのように）を乗せてほしいというものである。

二つ目は「オープン・アーキテクチャー」である。これは日立の持つ技術を「使える」だけではなく、設計情報（アーキテクチャー）まですべてオープンにするというものだ。つまり「他社にも真似してほしい」というものである。

三つ目は何度も言ったアダプターである。「今は、別のプラットフォーム（サーバー、パソコン、クラウドなど）で動いているアプリケーションでも、ルマーダに乗せられるようにします」ということだ。

四つ目はセキュリティである。日立がこのルマーダにあるデータを守るという宣言である。日立の伝統技術「安全」である。

「協創のパートナー」を求めるプラットフォーム

日立はルマーダに乗せるアプリケーションを一緒に作ってくれるパートナーを募集している。トヨタのウーブン・シティとまったく同様の発想である。

そしてこのパートナーと一緒に作ったアプリケーションを、テンプレート（他の人でも使える形にすること）にして、ルマーダでオープンにしていきたいと考えている。つまりパートナーにもライバルとの競争ではなく、和を求めている。「日本が一つになって」というGX・国家戦略の実現である。

さらには世界中の企業にも「一緒にやろう」と呼びかけている。そして前述のトヨタと同様のグローバル戦略で現地法人を作っている。日立はこの現地国でも「プラットフォームでは勝たない＝オープン」をその旗としている。つまり「GAFAにはならない」という誓いである。

日立の事業テーマは、オープン・プラットフォームで生まれるソーシャルデータを使って、グローバル社会のニーズを解決することにある。これが日立の持つルーツ「社会のための企業」である。言うまでもなく、そのグローバル・社会ニーズこそがＧＸである。

２０２１年、東原は会長となり、社長には小島啓二副社長が昇格した。彼は研究所畑を歩み、ルマーダの研究、開発、立ち上げを担った人物である。まさにルマーダをフラッグとした「次のグローバル日立」を支えるトップである。

ＧＸのスタートはストック作りである。そして最初のストックはＧＸのための技術（事業に使える道具）である。この技術開発を担う研究所はストックビジネスの、つまりＧＸのスタートとなる部門である。

ただ、従来の日立では官からのフロービジネスが中心で、研究所は日陰の存在であった。その研究所出身者が社長になったことは、ニュー日立のＧＸの象徴のように思える。

小島社長は会見で次のように述べている。

「日立を社会イノベーション事業のグローバルリーダーにすることに全力を注ぐ」

ＧＸにはＤＸが必要である。ＧＸの一つのゴールであるカーボン・ニュートラルも、その「カーボン量」を社会が「数字（デジタル）」で把握しなければできない。そして、そのデータはオープンでなくてはならない。この分野で、ＧＡＦＡのような「クローズドによる一人勝ち」を作ってはGXを実現できない。

GXのためのオープンな場を協創し、ここで生まれたデータを用いて新アプリケーション、新サービスという事業を生み、これを自由競争の世界で切磋琢磨していく。

GXにとってDX（デジタル化）は必須条件であり、そのGX／DXが新しい事業を生む。だから日本企業も後乗り（おいしい所だけ食べよう）ではなく、社会のためにGXという旗のもとに集まってほしい。

本項のまとめ

・GXには各企業が持っているデータが必要。この各企業のデータをネットワークでつなぎ、社会全体で使っていこうとするものがオープン・プラットフォーム。
・このオープン・プラットフォームに乗せるGXアプリケーションは「未来のバーチャル地球を創る」がテーマ。これに関しては日本が得意とするメタバースという技術がある。このGXアプリケーションを協創していくことが日本が進めるGX／DX戦略。

Epilogue

「ＧＸは儲からなくてもやるのですか？」への答え

プロローグでの問いに対する「経営者の答え」をここに書きたい。

「ＧＸは儲からなくてもやるのですか」という従業員からの質問に対する経営者の回答である。

私が経営者ならこう答える。

「企業は利益を目指すところではない。さまざまな能力を持った人が集まり、その能力が生むシナジーで、自分たちがやりたい仕事を見つけて、周りの協力、そして信頼、期待を受け、それをやっていくのが企業だ。

ＧＸという社会からの期待は、我が社で働いている人が持っている能力をもってすれば応えられる。そして、それによって新しい仕事を作り出すことができる。ＧＸは我々の能力が最も発揮できる仕事を生んでくれると思う。この仕事がＧＸの実現に大きく寄与すれば、我々が企業理念としている『社会貢献』を肌で感じることができる。だからみんなだって、誰も『やりたくない』とは言わず、『本当にこんなことをやらせてもらえるのですか』と疑問に思っているのだと思う。

どんな仕事をやるのかを最後に決めるのは、株主ではなく我々働く人自身である。そして私はその働く仲間のリーダーを任されている。私は株主に選んでもらったのではない。一緒に働く皆さんたちによってリーダーに選ばれた。みんなの多くがやりたいと思っていることなら、反対する人が社の内外にいても、その人たちを説得してなんとか実現するのが私の仕事だと思っている。そして社会もその仕事をやってくれることを望み、積極的に応援したいと言ってくれている。

GXをビジネスとして見れば、利益は出ないかもしれない。少なくとも今儲かっている仕事よりは利益を落とすことになるかもしれない。地球全体で、未来の子供たちのために、今の我々がマイナスを背負うのだから当然である。

でも、だからといって、給与を下げなければならないわけじゃない。ここ何年も利益が上がっているのに、給与はあまり上げられなかった。それなのに利益が下がったくらいで、給与を下げることなどしない。私が体を張ってでも給与は守る。

そもそも給与は能力給にシフトさせており、能力のある人が高い給与をもらうという仕組になっている。そしてこのGXによる仕事をその能力評価の対象とする。これを株主にも合意してもらう。だからGXのために能力を上げれば、その能力に見合った給与は必ずもらえると信じてほしい。社会のために働いて給与が下がるなんてあり得ない。

みんなでもう一度考えてみよう。一体なんのためにこの会社に入ったのか。

カネ稼ぎが目的だったのか。

やりたい仕事を見つけに来たのだと思う。

それがいつの間にかやりたくない仕事もやってしまい、若者たちに嫌われてしまったのだろう。企業の成長　カネ儲けが働く目的の若者は、スタートアップ企業に行ってもらおう。

私たちは、GXという社会が望み、かつ私たちがやりたいと思う仕事を企画して、これを未来の若者たちに提案しよう。

この『未来の地球のため、未来の子供たちのため』という仕事に、『美しさ』『ワクワク感』『ハッピー』そして『やりがい』を求める若者を集めて、彼らと一緒に新しい仕事をやろう」

おわりに

２０１９年になって、私のクライアント企業からＧＸ（最初の頃は環境ビジネスというテーマであったが）についてコンサルティングをしてほしいという声が届きました。

私のコンサルティング手法は、外部情報を集め、それをベースにクライアントとディスカッションしていくというセミナー方式です。

ＧＸについてもＧＸの定義、ＧＸに関しての国際情報、事例……と情報を集めて、すぐにセミナーをスタートしました。このＧＸセミナーでは少し前にやっていたＤＸとは違い、意見が分かれてしまいました。しかし本文で述べたように、若者たちから出てきた意見をきっかけとしてまとまっていきました。

私はこれまでもやってきたように、このセミナーでやったＧＸを本としてまとめることにしました。ＧＸは事業としてはまだスタートアップ段階なので、「ＧＸを知る」をコンセプトとしたコンパクトな新書版が適当だと思いました。

しかし、ＧＸに関する情報は膨大であり、書いていったらとんでもないボリュームになってしまいました。ただ、この情報は私のコンサルティング、セミナーには使いたい。

そこで二つの本を作ることとしました。その一つが本書です。私の持っているGXに関する情報のエッセンスを新書形式でまとめたものです。

ただ、この圧縮は難航しました。これをサポートしてくれたのが本書の出版元であるPHP研究所の吉村健太郎氏です。彼のプロフェッショナルな編集力のサポートでなんとか本書は刊行にまでこぎつけました。この場を借りて感謝の意を表したいと思います。

もう一つは原版であり、これは私のセミナー向けに「GXのナレッジ」というデジタル本とし、ライセンシングスタイル（ソフトウェアのように各個人へライセンス販売する）で、弊社（MCシステム研究所）から販売することにしました。ここではデジタルの良さを生かして、動いていくGXをリアルタイムでウォッチングしていきたいと思っています。

最後に、本書を手に取り、ここまで読み進め、GXの世界に飛び込んでくれた読者の方に感謝します。

内山　力

2023年5月

グリーントランスフォーメーションについてのより詳しい情報や、「おわりに」にて紹介した「GXのナレッジ」にご興味のある方は、下記Webサイトにアクセスしてください。

MCシステム研究所Webサイト

http://www.mcs-inst.co.jp/mcs_HP/

MCシステム研究所 検索

PHP
Business Shinsho

内山　力（うちやま・つとむ）

1955年、東京都生まれ。東京工業大学理学部情報科学科卒。日本ビジネスコンサルタント（現日立システムズ）入社。その後、退職してビジネスコンサルタントとして独立。現在、株式会社MCシステム研究所代表取締役。

経営戦略、マーケティング、IT、DX、ファイナンスなどに精通し、大手上場企業を始めとする数々の著名企業のコンサルティングを行うとともに、変革リーダー育成などの人材教育にも携わる。近年はGXをテーマとしたコンサルティングも手がけている。

中小企業診断士、システム監査技術者、特種情報処理技術者。

仕事のかたわら執筆活動にも力を入れ、著書は60冊を超える。主な著書に、『微分・積分を知らずに経営を語るな』『その場しのぎの会社が、なぜ変わったのか』『会社の数字を科学する』（以上、PHP研究所）、『数字を使える営業マンは仕事ができる』（日本経済新聞出版）、『コーポレート・イノベーション』『マーケティング・イノベーション』『ファイナンス・イノベーション』（以上、産業能率大学出版部）、『マネジメント4.0』『ソリューションビジネスのセオリー』（以上、同友館）、『予測の技術』（SBクリエイティブ）他多数。
（URL）http://www.mcs-inst.co.jp

本書掲載の情報は2023年5月時点のものです。

PHPビジネス新書 462

1冊でわかるGX　グリーントランスフォーメーション

2023年6月29日　第1版第1刷発行

著　　者　内山　力
発行者　永田貴之
発行所　株式会社PHP研究所
東京本部　〒135-8137　江東区豊洲 5-6-52
ビジネス・教養出版部　☎03-3520-9619(編集)
普及部　☎03-3520-9630(販売)
京都本部　〒601-8411　京都市南区西九条北ノ内町11
PHP INTERFACE　https://www.php.co.jp/
装　　幀　齋藤　稔(株式会社ジーラム)
組　　版　石澤義裕
印刷所　大日本印刷株式会社
製本所　東京美術紙工協業組合

ISBN978-4-569-85466-3

「PHPビジネス新書」発刊にあたって

わからないことがあったら「インターネット」で何でも一発で調べられる時代。本という形でビジネスの知識を提供することに何の意味があるのか……その一つの答えとして「**血の通った実務書**」というコンセプトを提案させていただくのが本シリーズです。

経営知識やスキルといった、誰が語っても同じに思えるものでも、ビジネス界の第一線で活躍する人の語る言葉には、独特の迫力があります。そんな、「**現場を知る人が本音で語る**」知識を、ビジネスのあらゆる分野においてご提供していきたいと思っております。

本シリーズのシンボルマークは、理屈よりも実用性を重んじた古代ローマ人のイメージです。彼らが残した知識のように、本書の内容が永きにわたって皆様のビジネスのお役に立ち続けることを願っております。

二〇〇六年四月

PHP研究所